Scratch编程乐园

轻松制作炫酷的游戏

【美】Al Sweigart 著　刘端阳 邵帅 译

Scratch Programming Playground:
Learn to Program by Making Cool Games

电子工业出版社
Publishing House of Electronics Industry
北京·BEIJING

内容简介

本书是由美国的 Al Sweigart 所著，他是一名教授孩子和成人编程的软件开发者。本书非常适合用于指导 8 岁到 16 岁的青少年学习 Scratch 编程，也适合对 Scratch 编程感兴趣的成年人阅读，而且阅读本书并不需要具备任何编程经验。

本书一共分为 9 章，每一章都具备大量的程序图示来逐步引导你完成游戏制作，并且还会对该游戏中出现的 Scratch 编程概念和相关的程序逻辑思维进行梳理讲解。相信你完成这些项目的学习后，一定会进一步加深对 Scratch 编程概念的理解，并会在编程技巧、创新思维方面有很大提升。

另外，你还可以下载本书的随书资源包，里面含有各章所需的素材和完整程序，这样可节省你制作素材的时间。当你遇到难题时，也可以利用已经完成的框架程序文件，并在此基础上进行整理学习。

Copyright©2016 by Al Sweigart. Title of English-language original: Scratch Programming Playground: Learn to Program by Making Cool Games, ISBN 978-1-59327-762-8, published by No Starch Press. Simplified Chinese-language edition copyright ©2018 by Publishing House of Electronics Industry. All rights reserved.

本书简体中文版专有出版权由 No Starch Press 授予电子工业出版社。
专有出版权受法律保护。

版权贸易合同登记号 图字：01-2016-9468

图书在版编目（CIP）数据

Scratch编程乐园：轻松制作炫酷的游戏 /（美）阿尔·斯威加特（Al Sweigart）著：刘端阳，邵帅译. —北京：电子工业出版社，2018.8
书名原文：Scratch Programming Playground: Learn to Program by Making Cool Games
ISBN 978-7-121-34576-0

Ⅰ. ①S… Ⅱ. ①阿… ②刘… ③邵… Ⅲ. ①程序设计－少儿读物 Ⅳ. ①TP311.1-49

中国版本图书馆 CIP 数据核字（2018）第 137499 号

策划编辑：林瑞和
责任编辑：李云静
印　　刷：北京捷迅佳彩印刷有限公司
装　　订：北京捷迅佳彩印刷有限公司
出版发行：电子工业出版社
　　　　　北京市海淀区万寿路 173 信箱　邮编：100036
开　　本：720×1000　1/16　印张：16.75　字数：257 千字
版　　次：2018 年 8 月第 1 版
印　　次：2018 年 8 月第 1 次印刷
定　　价：89.00 元

凡所购买电子工业出版社图书有缺损问题，请向购买书店调换。若书店售缺，请与本社发行部联系，联系及邮购电话：（010）88254888，88258888。
质量投诉请发邮件至 zlts@phei.com.cn，盗版侵权举报请发邮件至 dbqq@phei.com.cn。
本书咨询联系方式：010-51260888-819，faq@phei.com.cn。

MBH群体翻译

群体智慧是共享集结众人的意见进而转化为决策的一种过程。它是从许多个体的合作与竞争中涌现出来的，在细菌、动物、人类以及计算机网络中形成，并以多种协商一致的决策模式出现。本书的翻译就是群体智慧最好的体现。

MBH群体翻译（www.mbh.ai）与凯文·凯利在《失控》一书中所描述的蜂巢思维有着异曲同工之妙。我们的译者来自全国各地，有学生、老师、教授、校长，还有公司的职员、经理、创始人等。虽然大家的社会身份不同，但团队分工明确，翻译、审校……各司其职。MBH群体翻译打破了传统意义的束缚，让翻译工作不再单一无趣，译者之间的地理与空间已经无关紧要，重要的是有共同兴趣、爱好的译者们在同一个虚拟世界中的即时交流。为了让大众可以更好地理解书中的内容，译者们全身心投入翻译工作中，通过不断地研究、琢磨，让文字更适合受众的思维。

在此列出参与本书翻译的译者（按译者姓氏拼音排序），感谢译者们的付出，也愿每个读者都有一个美好的阅读之旅。

陈成坤	陈根星	陈宇	董海英	范保玉	郭李莹
胡佳元	纪晔	江守明	郎咸蒙	李明阳	李运东
刘端阳	刘红艳	刘炜	潘利东	邱海毅	邵帅
孙毓彬	汤佳辉	王双双	王烁	吴龙	吴仕伟
薛莲	闫玥	杨峰	杨凯杰	于方军	张雷
赵亚峰	赵亚男				

关于作者

Al Sweigart 是一位软件开发人员，也是一位科技图书作家。他非常清楚自己的目标，是一个非常棒的家伙！他写过几本面向初学者的编程图书，比如 Automate the Boring Stuff with Python，这本书也是 No Starch Press 出版的。这些图书可以在网站 http://www.inventwithpython.com/ 通过创作共用授权[1]许可免费获得。

关于技术评审者

Martin Tan 帮助运营一家澳大利亚的编程俱乐部。他为 Moonhack 2016[2] 所编写的太空主题的 Scratch 项目和 Python 项目，让 9000 多个孩子同时编码，打破了世界纪录。Martin 还是一位系统安全测试工程师，其在多个开源项目和研究中贡献良多。

---

1 创作共用授权包含了一个机制，在不放弃所有权的情况下提供了更多开放的使用权。——译者注

2 Moonhack 是澳大利亚的一个编程俱乐部举办的一次活动，其为了纪念阿波罗登陆月球，号召澳大利亚人打破多人同时参与编程的世界纪录。——译者注

目　　录

原著致谢 XII

前言 XIII

　　本书为谁创作 XIV
　　关于本书 XIV
　　如何使用本书 XVI
　　在线资源 XVII

读者服务 XVIII

第 1 章　开始 Scratch 编程之旅 1

　　启动 Scratch 2
　　离线编辑器 3
　　Scratch 编辑器和角色 4
　　绘图编辑器 5
　　用代码块开始工作 7
　　　　增加代码块 7
　　　　删除模块 8
　　　　运行程序 8
　　展示你的程序 9
　　获得帮助 10
　　　　帮助窗口 10
　　　　转到设计页 11
　　总结 12

第 2 章　太空中的彩虹线 13

　　设计游戏草图 14
　　Ⓐ 创建太空背景 16
　　　　1. 清理并设置舞台 16
　　Ⓑ 创建 3 个会反弹的点 18
　　　　2. 画点 18
　　　　3. 为"Dot1"角色添加代码 20
　　　　拓展：方向和角度 20
　　　　4. 复制"Dot1"角色 22
　　Ⓒ 画出彩虹线 23

5. 为"画线点"角色添加代码 23
完整的程序 25
加速模式 26
2.0 版本：三角形的彩虹 27
3.0 版本：两条彩虹线 28
4.0 版本：你来决定 29
总结 29
回顾思考 30

第 3 章　穿越迷宫 31

设计游戏草图 32
Ⓐ 让小猫动起来 34
　　拓展：探索 x 坐标与 y 坐标 34
　　1. 添加小猫移动代码 36
　　2. 为小猫角色复制移动程序模块 37
Ⓑ 让迷宫升级 39
　　3. 下载迷宫图形 39
　　4. 修改背景 39
　　5. 从第一个迷宫开始 39
Ⓒ 避免小猫穿墙而过 40
　　6. 侦测小猫是否碰到了墙壁 40
Ⓓ 在迷宫的尽头设置一个目标 42
　　7. 创建苹果角色 43
　　8. 侦测到游戏者何时接触到了苹果 43
　　9. 给迷宫角色添加处理广播消息代码块 45
完整的程序 45
2.0 升级版本：双玩家模式 47
　　复制"Apple"角色 47
　　修改"Apple2"角色的程序 48
　　复制橘色小猫角色 48
　　更改蓝色小猫角色的程序 49
　　返回起始位置 51
3.0 版本：陷阱 51
　　为陷阱画一个新角色 52
　　为陷阱创造第二个造型 52
　　给陷阱添加克隆程序 53
　　修改橘色小猫的程序 55
　　把橘色小猫的程序复制到蓝色小猫 57
"作弊"模式：穿墙而过 58

  给橘色小猫添加穿墙而过的程序 58
  给蓝色小猫添加穿墙而过的程序 58
 总结 59
 回顾思考 60

第 4 章　灌篮高手 63
 设计游戏草图 64
 Ⓐ 让小猫跳起并落下 65
  1. 给小猫角色添加重力代码 65
  拓展："适用于所有角色"与"仅适用于当前角色"的区别 66
  2. 添加地平线代码 69
  3. 给小猫添加跳跃的代码 70
 Ⓑ 让小猫左右移动 71
  4. 让小猫走起来 71
 Ⓒ 悬空的篮筐 72
  5. 创建篮筐角色 72
  6. 创建命中对象 74
 Ⓓ 让小猫投篮 76
  7. 创建篮球 76
  8. 给篮球添加代码 77
  9. 检测是否得分 79
  10. 修正得分 bug 80
 完整的程序 82
 2.0 版本：双打模式 84
  复制小猫和篮球角色 84
  修改"Cat2"代码 85
  修改"Basketball2"代码 85
 作弊模式：固定篮筐 86
 总结 87
 回顾思考 88

第 5 章　破砖英雄 89
 设计游戏草图 90
 Ⓐ 制作一个可以左右移动的球拍 91
  1. 创建球拍角色 91
  拓展：旋转样式 93
 Ⓑ 制作一个碰到边缘就反弹的球 94
  2. 创建网球角色 94
 Ⓒ 让球碰到球拍就反弹 94

  3. 给网球角色添加反弹代码 95
  拓展：克隆 96
 Ⓓ 创造砖块的克隆体 97
  4. 添加砖块角色 97
  5. 克隆砖块角色 98
 Ⓔ 让球从砖块上反弹 100
  6. 将反弹代码添加到砖块角色中 100
 Ⓕ 制作"You win!"和"GAME OVER"字样提示 101
  7. 修改网球角色的代码 101
  8. 创建游戏结束角色 101
  9. 创建"You win!"角色 103
完整的程序 104
2.0 版本：美化时间 105
 绘制一个炫酷的背景 106
 添加音乐 107
 球拍被网球击中时会有闪光效果 108
 添加生动的砖块出场特效和击中后的砖块消失特效 108
 给击中的砖块添加退出的声音特效 111
 给网球添加声音效果 112
 在网球后面添加运动轨迹 112
 为游戏结束角色添加一个出场特效 113
 为"You win!"角色添加进入动画 115
总结 116
回顾思考 117

第6章 贪吃蛇 119
设计游戏草图 120
 Ⓐ 画一个可以自由移动的蛇头 121
  1. 创建头部角色 121
  拓展："当按下 xxx 键" vs "按键 xxx 是否按下？" 124
 Ⓑ 画一个随机出现在屏幕中的苹果 125
  2. 添加苹果角色的脚本 125
 Ⓒ 画一个会不断出现在蛇头后面的身体 125
  3. 创建身体角色 126
  4. 绘制身体角色的第二个造型 126
  5. 添加身体角色的脚本 127
  6. 检测蛇头是否撞到自己或舞台边缘 129
最终脚本 131
Scratch 2.0 版本：添加水果加分项 132
"作弊"模式：天下无敌 133

  修改头部角色脚本 134
  修改身体角色脚本 135
"作弊"模式：甩掉蛇的身体 136
总结 136
回顾思考 137

第 7 章　水果切切切 139

设计游戏草图 141
 Ⓐ 制作开始屏幕的背景 142
  1．绘制背景 142
  2．为舞台添加代码 144
 Ⓑ 制作切水果的轨迹 145
  3．绘制角色："Slice" 145
  拓展：新建链表 146
  4．为"Slice"（轨迹）这个角色创建链表和变量 148
  5．记录鼠标的移动 150
  6．制作一个自定义功能块来绘制切水果的轨迹 150
 Ⓒ 制作开始按钮 154
  7．制作角色："Begin Button" 154
 Ⓓ 让水果和炸弹在舞台随机出现 156
  8．创建水果角色 157
  9．制作切开的水果造型 158
  10．给水果角色增添代码 161
  11．为水果角色的克隆体添加代码 164
 Ⓔ 制作角色："health" 166
  12．创建角色："health" 166
 Ⓕ 结束游戏 169
  13．创建角色："White Fade Out"（舞台褪色为白色） 169
2.0 版本：最高分 171
作弊模式：恢复血量 173
总结 174
回顾思考 175

第 8 章　行星终结者 177

设计游戏草图 178
 Ⓐ 制造一艘可以控制的宇宙飞船 179
  1．创造飞船角色 180
 Ⓑ 使宇宙飞船可以在舞台边缘穿梭 182
  2．给飞船角色添加代码 182

  3. 给飞船角色添加随机移动代码 183
 Ⓒ 用鼠标瞄准和用空格键射击 184
  4. 创建能量炸弹角色 184
 Ⓓ 让行星能自由地出现和移动 187
  5. 创建行星角色 187
 Ⓔ 行星被击中后分裂成两个小行星 189
  6. 为行星分裂添加代码 189
  7. 为能量炸弹角色添加"asteroid blasted"消息处理代码 191
 Ⓕ 创建得分和计时功能 191
  8. 创建超时角色 192
 Ⓖ 如果飞船被击中就爆炸 193
  9. 上传爆炸角色 193
  10. 为爆炸角色添加代码 194
  11. 为飞船角色添加爆炸代码 194
 2.0 版本：有限的弹药 196
 作弊模式：星爆炸弹 197
 总结 199
 回顾思考 200

第 9 章　制作一个更高级的跳台游戏 201
 设计游戏草图 202
 Ⓐ 创建重力、下落和着地脚本 204
  1. 创建地面角色 204
  2. 加上重力和着地的脚本 205
  3. 让小猫走起来，并且还能在舞台中环绕返回 206
  4. 消除陷在地里的效果 208
 Ⓑ 处理陡坡和墙 209
  5. 为陡坡加上脚本 210
 Ⓒ 让小猫会小跳和高跳 212
  6. 加上让小猫跳跃的脚本 213
 Ⓓ 加上天花板探测 214
  7. 给地面角色加一个低跳台 215
  8. 加上天花板探测的脚本 215
 Ⓔ 给小猫角色套上一个碰撞检测模块 218
  9. 给小猫角色造型套上碰撞检测模块 219
  10. 加上碰撞检测模块的脚本 220
 Ⓕ 加上更流畅的行走动画 221
  11. 给小猫角色加上新造型 222

         12. 做出在小猫换造型时不出错的模块 223
    G 做出游戏关卡 229
         13. 下载使用游戏的背景图 229
         14. 给地面角色套上一个碰撞检测模块 230
         15. 给地面角色加上脚本 231
         16. 给小猫角色加上更多的环绕返回脚本 232
    H 加上坏蛋螃蟹和苹果 233
         17. 加上苹果角色和它的脚本 234
         18. 做出螃蟹角色 235
         19. 给坏蛋加上人工智能 236
         20. 加上"Time's up"角色 240
    总结 241
    回顾思考 242

接下来的旅程 245

索引 247

原著致谢

封面上只有我的名字可能会给大家带来一些误解。其实没有大家的努力付出，就不可能有这本书的存在。在这里我要感谢本书的出版商 Bill Pollock、编辑 Laurel Chun 和 Tyler Ortman、技术评审 Martin Tan、文字编辑 Anne Marie Walker 以及 No Starch Press 的所有团队成员。

在此还要感谢 MIT 媒体实验室的终身幼儿园课题组，正是他们开发了 Scratch。这个小组和以下 4 位有影响力的学者渊源颇深，他们分别是 Mitchel Resnick、Seymour Papert、Marvin Minsky 和 Jean Piaget。我们给年轻的一代提供帮助的同时，也要记住那些为 Scratch 编程做出贡献的人们。此外，要特别感谢美国加州的奥克兰艺术和数字娱乐博物馆。这个听起来和它的名字一样有趣的视频游戏博物馆，在周末开设了 Scratch 编程班，我在此提供了志愿服务，这段经历给我带来了极大的收获。如果 Alex Handy、Mike Pavone 和 William Morgan 没有开设这个编程班的话，我根本不会想到要写这样一本书。让我们下星期六见。

前　言

　　玩游戏自然很有趣，但是如果你能通过编程来制作一个计算机游戏，则不仅会让你乐在其中，还会让你掌握一项具备创造力和挑战性的技能！Scratch 的编程环境是免费的哦，它可以让每个人都轻松地学习编程。虽然 Scratch 主要是为 8 岁到 16 岁的青少年设计的，但是现在其却被各个年龄段的人士广泛使用，包括青少年和他们的父母，还有把它作为学习编程的第一门语言的大学生们。

Scratch 可以实现很多功能，但是具体从哪里开始入手却有些困难，这就是我撰写本书的初衷。本书会指导你用 Scratch 创建几个视频游戏，由此你将清楚地了解到使用 Scratch 制作视频游戏的时候，哪些程序块是最常用的，从而为你将来创建自己的游戏打下坚实的基础。

本书为谁创作

阅读本书并不需要具备编程经验，唯一需要的数学技巧只是基础运算：加减乘除。不要因为害怕数学不好而放弃学习编程。别忘了，计算机会帮助你计算的！

本书中的每一个程序，只要你按照图示一步一步来，都非常容易。通过使用程序块以及编程概念进行游戏制作的同时，你也将汲取这些知识。不论你是"菜鸟"还是"小白"，都没有任何理由不马上阅读本书！

孩子们自己就可以按照本书一步步操作，本书也适合那些想引导他们的孩子或学生进入编程世界的父母、老师和志愿者。因此，本书非常适合用于周末活动或者校外计算机俱乐部。你无须成为软件工程师，就可以使用本书去帮助别人学习编程。

如果你想要全面了解 Scratch 的特点，我向你推荐由 Majed Marji 所著的《动手玩转 Scratch 2.0 编程》（ISBN：978-7-121-27251-6），这本书可以作为本书的补充。你也可以到下面的网址：*https:// scratch.mit.edu/help/videos/* 或 *https:// inventwithscratch.com/* 去观看教程。

但是编程是一种类似于空手道或者弹吉他那样的技能，你必须动手才能掌握。你不能只看书，那样是学不会的！请确保你一直跟着本书在创作游戏，采用这种方式你将受益匪浅。

关于本书

本书的每一章都将教你编程制作一个游戏，并且对出现的编程概念进行讲解。刚开始,你可以预先设想一下游戏最终运行的效果是什么样的,然后计划出程序各个部分的主要内容是什么。最后的工作是程序的每一部分如何一步步地编码,直到你完成整个程序。当主程序制作完成时,可以增加一些特殊功能,开启"作弊"模式。每章结尾的回顾思考部分会检测你是否掌握了本章涉及的知识点。

▶ 第 1 章:开始 Scratch 编程之旅

本章介绍如何访问 Scratch 网站以及 Scratch 编辑器各部分的名称及功能。

▶ 第 2 章:太空中的彩虹线

本章介绍使用基础程序块和创建角色,完成一个动画艺术项目。我们将学习关于方向和角度的相关知识。

▶ 第 3 章:穿越迷宫

本章将创建一个迷宫类游戏,游戏者使用键盘操控小猫,并带领小猫走出 8 个不同等级难度的迷宫。

▶ 第 4 章:灌篮高手

本章将创建一个《篮球》游戏,在这个游戏中,不论是跳起的小猫还是自由落体的球,游戏中的重力都更加逼真。

▶ 第 5 章:破砖英雄

本章介绍一些编程技巧,可把一个平淡无奇的《打砖块》游戏变成一个具备动画特效和音效的精品游戏。

▶ 第 6 章:贪吃蛇

本章将制作更加有趣的《贪吃蛇》游戏。玩家可以控制一条不断增长的蛇在屏幕中来回游动。这个游戏为了实现蛇身不断伸展的效果,使用了 Scratch 的角色克隆功能。

▶ 第 7 章:水果切切切

曾经有一个热门的智能手机游戏——《水果忍者》,玩家可以切中抛在半空中的水果。在本章中,你就会创建一个这样的计算机游戏——《水果切切切》。

▶ 第 8 章:行星终结者

本章将制作一个类似于 *Asteroids* 的经典游戏,为飞船增加鼠标控制和键盘控制的功能,努力击碎太空中的小行星。

▶ 第 9 章：制作一个更高级的跳台游戏

在本章中展示了如何将前面各章中使用的概念结合在一起，通过使用步行和跳跃动画、平台以及 AI 控制的敌人来创建一个跳台游戏。

如何使用本书

每个项目开始时都会有一个游戏设计草图。这个草图上的标签代表程序中主要程序块的作用。

为了让程序的思路更加清晰，我们同一时间段只处理该游戏的某一个部分。书中的蓝色 ABC 标题和草图中的特征是一一对应的。

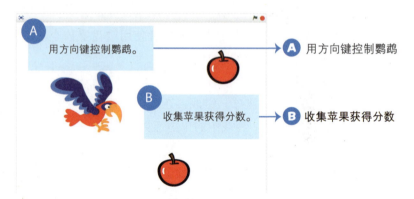

把一个大问题分解成一些小问题会更加容易解决，并可帮助你厘清思路。因此，我们往往会利用一个简单版本的游戏作为基础，然后添加新的功能或者增加"作弊"代码去实现开挂，等等。最后，如果你准备自己创建游戏，我建议你从简单的草图开始。

小贴士

在本书中，"小贴士"一直都有，它会贯穿始终。因为当你一步一步地编写程序时，会偶尔想暂停，进行阶段性程序测试，查看此时的程序是否按照预想的那样正常执行。如果不能正常执行，还可以在早期及时发现错误。另外，"小贴士"还会提醒你使用菜单栏中的"文件"→"保存"功能保存程序。

在线资源

虽然Scratch环境已经包括了许多图像，但你可能仍需要一些额外的文件去构建本书中的项目。这些文件被压缩在资源ZIP文件中。你可以从 *https://www.nostarch.com/scratchplayground/* 这个网址下载。[1]

资源ZIP文件包含用于该项目的图像文件和每个程序的框架项目文件。这些框架项目文件已经完成了所有的安装步骤，并且只需要添加代码块。如果你感觉完成程序有困难，那么可以尝试从框架项目文件开始，而不是从一个全新的、空白的项目开始。如果你是一名老师，要指导学生而且时间有限，那么使用框架项目文件可能是一个好主意，因为他们只需要添加代码块来完成程序。

---

1 读者也可以从 http://www.broadview.com.cn/34576 下载本书资源。——译者注

读者服务

轻松注册成为博文视点社区用户（www.broadview.com.cn），扫码直达本书页面。

- ▶ **下载资源**：本书提供示例代码及资源文件，可在<u>下载资源</u>处下载。
- ▶ **提交勘误**：您对书中内容的修改意见可在<u>提交勘误</u>处提交，若被采纳，将获赠博文视点社区积分（在您购买电子书时，积分可用来抵扣相应金额）。
- ▶ **交流互动**：在页面下方<u>读者评论</u>处留下您的疑问或观点，与我们和其他读者一同学习交流。

页面入口：http://www.broadview.com.cn/34576

第1章
开始Scratch编程之旅

  Scratch 是当前非常棒的编程软件。没有一个软件能够像 Scratch 一样把编程变得那么简单。很多编程教学软件受到了 Scratch 的启发，但 Scratch 仍是最受欢迎的。你可以用 Scratch 创作非常有趣的互动游戏、动画，科学项目等。

Scratch 是一个可以在浏览器中运行的免费编程环境，它是由 MIT 媒体实验室的终身幼儿园课题组设计的。Scratch 的使用者——我们称之为"Scratch 玩家"——可以使用 Scratch 编辑器通过拼搭代码块的方式编程。尽管 Scratch 是为 8—16 岁的青少年开发的，但是 Scratch 玩家却是各个年龄段的人都有，包括青少年和他们的父母。这个软件可以让每个人都轻松地提升编程技能和解决问题的技能。

因为 Scratch 可以在浏览器中运行，所以不需要安装什么软件；Scratch 程序不可能会破坏你计算机上的文件；Scratch 完全免费，没有广告，也不包含程序中内购的项目，因此只要是 Scratch 网站上的内容，孩子们可以尽情玩个够，大人也不用担心产生额外费用。

使用 Scratch，你只需要使用鼠标去拖曳程序块，像搭积木那样把它们拼在一起。当然字符输入也是必需的，不过字符输入的量非常小。下面就是一个"搭积木，学编程"的例子。

可视化的 Scratch 编辑器提供了一个快速反馈机制，所以你不用录入几个小时的神秘命令就能看到自己的程序问世。Scratch 把编程变得更加有趣，它也不像其他编程语言那样会弹出各种错误提示把你弄晕。如果你想学习基础编程或者帮助别人学习，Scratch 就是你最好的选择。

启动Scratch

无论你使用 Windows、OS X 还是 Linux 操作系统，都可以打开浏览器，在地址栏中输入 *https://scratch.mit.edu/* 使用 Scratch。不过，

Scratch只能运行在台式机或者笔记本电脑上,而不能运行在智能手机或者PAD(智能终端)上。

注意: 本书使用的Scratch 2.0不能运行在树莓派电脑上。

你不需要任何账号就可以创建Scratch程序,但是有一个Scratch账号的好处是你可以在线保存程序。之后不论你在哪台联网的计算机登录,都能找到之前的程序记录以便继续工作。

注册账号是完全免费的,只需要点击页面顶端的"**加入Scratch**"(Join Scratch)超链接就可以创建一个账号。点击后会打开一个新窗口。

选择用户名和密码,输入账号信息。没有你的允许,Scratch不会泄露你的邮箱地址和个人信息。登录网址 *https://scratch.mit.edu/privacy_policy/*,可以查看完整的隐私保护协议。

当你在Scratch网站上登录后,在页面顶端点击**"创建"**(Create)超链接,可以启动Scratch编辑器。

离线编辑器

离线编辑器可以让你在没有网络连接的时候也能编程。如果你不能访问网络或者Wi-Fi不可用了,就可以不使用Scratch网站,而是在你的计算机上安装离线编辑器。唯一的差别是程序会保存在自己的计算机上而不是保存在 Scratch 网站上。之后你可以上传自己的程序或者把程序复制到移动存储设备上,以便于在其他机器上使用。

下面这个网址可以下载 Scratch 离线编辑器:*https://scratch.mit.edu/scratch2download/*。

注意:你也许发现 Scratch 编辑器还有一个早期版本,就是 Scratch 1.4。不要使用这个版本。这个版本已经过时,而且其中没有 Scratch 2.0 中的新特性。如果你在浏览器中使用 Scratch,那么你正在使用的是 Scratch 2.0。如果你要下载一个离线 Scratch 编辑器,一定要下载 Scratch 2.0。

Scratch编辑器和角色

Scratch 编辑器就是你可以搭建程序块的地方。搭建程序块可以创作出游戏、动画和艺术作品。在页面顶端点击**"创建"**超链接,可以启动"Scratch"编辑器。打开后,可以看到下面这个界面,你就可以开始编程啦!

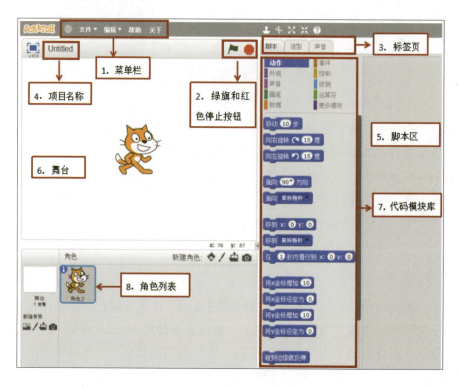

Scratch 里最基础的概念就是"角色"。角色出现在"舞台"❻ 上，它们的代码块会控制该角色的行为。新建项目时，编辑器会自动添加一只"橘色小猫"作为默认角色，当然，你可以增加更多的角色。你只需要把代码块放到屏幕右侧的"脚本区"❺ 就能实现对一个角色的编程。在 Scratch 里，拼接在一起的代码块叫作【脚本】。

　　在编辑器的左上角，有一个可以输入文字的文本框，那里保存着"项目名称"❹。当你确定了自己的项目名称后，记得要时常保存一下项目。方法如下：菜单栏 ❶ → 文件 → 保存。这样做的好处就是当你的浏览器崩溃的时候，可以避免丢失自己之前的工作成果。

　　代码块都收纳在页面中部的"代码模块库"❼ 中。在这个库的顶部，你能看到 10 种不同颜色的代码块分类标签。它们分别是动作、外观、声音、画笔、数据、事件、控制、侦测、运算符和更多模块。每个代码块只能属于一个分类，而且代码块的颜色和标签的颜色相同。例如，紫色的代码块"**说**"就存放在紫色的【外观】分类中。代码块可无限量供应，你只需要把它们从代码模块库拖曳到脚本区。

　　每一个角色都有自己的脚本。当你在"角色列表"❽ 中点击角色时，该角色的脚本就会显示在脚本区（在 10 个标签的上部，有 3 个标签页，分别为"脚本""造型"和"声音"）。点击"脚本"标签页 ❸，画面右侧会显示脚本区。当选择"造型"标签页和"声音"标签页的时候，脚本区会相应地被绘图编辑器和声音编辑器所替代。

　　点击绿旗图标可以执行程序，点击红色停止按钮可以终止程序 ❷。

绘图编辑器

　　有好几种方法可以在程序中增加角色：你可以使用系统自带的角色库，也可以从你的计算机中上传角色，或者你自己画。如果想自己画，就会用到 Scratch 的"绘图编辑器"。

　　这个绘图编辑器和其他的绘图软件（比如微软的画图或者画笔）非常相似。要画出一个新角色，可点击"新建角色"旁边的"**绘制新角色**"按钮。你可以通过切换其造型来改变角色的外观。要想给角色创建一个新造型,点击"**造型**"标签页,再点击"新建造型"下面的"**绘制新造型**"按钮。

绘图编辑器的主要部分如下:

▶ 绘图工具栏,使用左边工具栏上的各个按钮即可绘图。
▶ 画板,在此区域绘图。
▶ 造型中心,用十字线标明造型的中心点。
▶ 线宽调节器,可以调节所选绘图工具的宽度。
▶ 调色板,可以改变所选绘图工具的颜色。
▶ 缩放工具,可以放大或者缩小造型。
▶ 撤销和重做按钮,可以帮你修正操作错误。

绘图工具依次是画笔/线段/矩形/椭圆/文字/填充(用颜色填充)/橡皮/选择/删除背景/选择并复制。

绘图编辑器如下所示。[1]

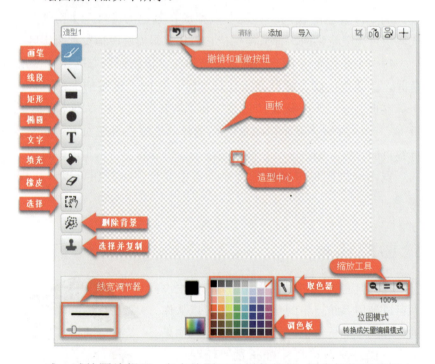

试一试绘图编辑器。点击绘图工具栏的按钮,把鼠标拖到画板上,看一下各个绘图工具是如何工作的。从"调色板"中选取颜色,用"线

---

1 "取色器"工具可以在画板上选择所需的颜色,并将该颜色设置成当前颜色。——译者注

宽调节器"工具调节所选绘图工具的线条宽度。接着，使用"取色器"工具从画板上选择一个颜色（注意不是从调色板中选取的颜色），设置为当前颜色。如果你操作错误，点击画板上部的"撤销"按钮就可取消当前的操作。

绘图工具栏左边是角色造型列表。如果你想要把一个造型保存成图像文件，则需要先选中造型，然后点击鼠标右键，选择"**保存到本地文件**"。

用代码块开始工作

在开始编写程序之前，你需要先了解每个代码块是如何在编辑器中拼接到一起的。然后，我们再一起学习每个代码块的作用。

增加代码块

要想在程序中增加一个新的代码块，只需把它从中间的代码模块库中拖到脚本区。其中，顶部有凹槽、底部有凸起的代码块叫作【普通代码块】。普通代码块可以一个个拼接起来。要想把两个普通代码块拼在一起，只要把一个代码块拖到另外一个代码块的下面就可以。当代码块出现了白色边框效果的时候，松开鼠标，两个模块就能拼在一起。

普通代码块可以插入两个代码块之间。仔细看白色边框出现在脚本中的什么位置，这就是代码块要插入的位置。下图表现了"**等待 1 秒**"这个模块被插到脚本中间。

代码块中白色区域的值可以通过点击鼠标，然后输入新值来改变。矩形的白色区域可以输入文本，圆形的白色区域可输入数字。

有一部分的模块两侧是半圆形的，其被称为【呈报】模块，它们可以被拖曳到其他代码块的白色区域。比如，在下图中，白色区域的大小会随着绿色代码块——"在 1 到 10 间随机选一个数"的插入而变化。当呈报模块的左边缘位于白色区域上方时，在白色区域中会出现白色边框的效果。如果呈报模块的左边缘不在白色区域的上方时，白色边框特效就不会出现，当然呈报模块也放不进去。

删除模块

要删除模块，只需把它们从脚本区域拖出去丢掉即可。但是你需要注意的是，如果这样直接删除一个普通代码块，会将这个代码块下面与它拼接在一起的模块一起删除。如果你想保留其中的一些模块，可以先把它们与需要删除的模块分离，放置在一旁。然后把要删除的模块从脚本区拖到代码模块库中丢弃。

你也可以右击代码块并从弹出的快捷菜单中选择"删除"。但是，这样做也会删除代码块下面的所有块。如果你意外删除了一些代码块，就可以使用菜单栏的"编辑"➜"撤销删除"来恢复。

运行程序

按照下图中的示例程序，把这些代码块依次从代码模块库中找到，然后拖曳到脚本区，创建一个小程序。

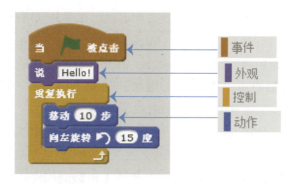

运行程序的方法就是点击舞台顶部的绿旗图标。这个程序运行方式如下：从顶端（最上面）模块——"**当绿旗被点击**"开始执行，接着执行脚本区的下一个代码块。"说 Hello!"的作用就是让舞台中的角色上方显示一个"Hello!"的对话框。在"**重复执行**"代码块中，包含了两个命令，会让角色一直重复执行移动 10 步，然后执行向左旋转 15°的命令，只有在按下红色停止按钮时才会停止。

你还可以通过双击代码块的方法运行程序，但是点击绿旗图标是最常用的执行程序的方法。

在 Scratch 程序中，你可以添加更多的角色和代码块。随着你学习完成了在本书中的一个又一个程序项目，你会了解更多 Scratch 中不同种类的代码块。

展示你的程序

使用自己的账号登录 Scratch 之后，点击编辑器页面右上角的"分享"（Share）按钮，可以让其他的 Scratch 玩家看到你的程序。他们可以玩你的游戏并且发表评论，如果喜欢还可以点赞和收藏。

完成一个项目后，可以把这个程序加入 Scratch Programming Playground 工作室。这个工作室会展示出

由你以及其他读者所创作的项目。你可以将那些分享项目的 URL 复制下来，然后打开工作室主页：*https://inventwithscratch.com/studio/*。点击"**增加新项目**"（Add Projects）按钮，在地址栏的文本框中粘贴 URL，之后点击"**通过 URL 增加**"（Add by URL）。现在，其他读者就可以在工作室中看到你的游戏了。

不要担心你的游戏不够精彩，每个人都是从简单的游戏开始他们的编程之旅的。在 Scratch 官网上的大部分用户也都是初学者。大约 1100 万名用户在 Scratch 官网上分享了他们的程序，所以不要因为关注少而烦恼，毕竟在官网上有那么多可以玩的游戏！

获得帮助

成为"编程大神"并不是要知道所有的答案，而是知道如何能找到答案。本书会提供找到答案的步骤，但是前提是你先有需要提问的问题。

帮助窗口

我们首先可以从 Scratch 编辑器自带的帮助区获得帮助。点击编辑器右侧的 ⑦ 问号按钮打开帮助窗口。

在帮助窗口中，你可以通过从"模块"（Blocks）标签页选择代码块来学习这个模块能做什么，如下图所示。

你还可以通过访问并阅读一些教程来获得帮助。尽管你可以通过论坛寻求帮助，但在帮助窗口找答案会更加快捷。

转到设计页

你可以通过浏览其他 Scratch 玩家的代码学到许多新技巧。在官网上寻找一些你喜欢的项目，点击**"转到设计页"**（See inside）按钮，如下图所示。

你可以复制并修改，或者混搭其他玩家的代码。官网上的所有 Scratch 程序都会根据创作共用授权许可自动发布，因此，只要保证遵守该协议，你不需要获得原作者的许可就能使用这些程序。所以，Scratch 玩家经常混搭多个玩家的代码去创建自己的代码。

如果你仍然需要帮助，或者想和其他玩家对话，那就点击官网页面顶部的**"讨论"**（Discuss）链接访问论坛。

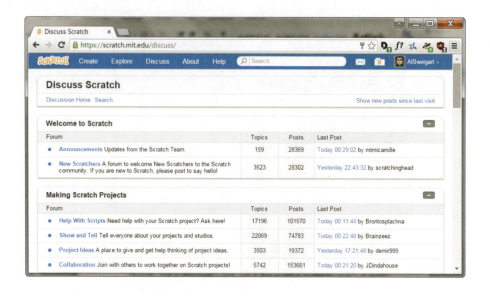

总结

Scratch 编辑器是一个具备创造力的工具。你可以看到官网上所有 Scratch 的项目分类：游戏、卡通、模拟仿真和幻灯片。

现在你已经知道了如何访问 Scratch 官网，以及如何创建一个账号，使用 Scratch 编辑器和绘图编辑器把代码块拼成脚本，更是准备好了按照本书后面一步步的指示去编程。如果你有问题，一定要使用 Scratch 编辑器帮助或者到官网论坛去寻找答案。

现在，请开始你的 Scratch 编程之旅吧！

第 2 章

太空中的彩虹线

在本章中,你将会创建一个非常炫酷的动画:一道"V"字形的彩虹飞过太空,在星空中留下五彩斑斓的轨迹,多么美丽的一幅画面啊。这个程序的灵感来自 Demoscene(演示) 艺术,它是起源于 20 世纪 80 年代,天才的程序员们编写神奇的图形程序时衍生出的一种亚文化。

这些擅长 Demoscene 的高手们把类似的小程序称作【Demo】，程序运行之后会呈现出绚丽多彩的画面，这既展示了编程高手们的编程技巧，也表达了他们对音乐和艺术的追求。但最令人惊讶的是，这些程序很小，只有几千字节！我们将要编写的程序虽然不是这样小，但呈现的效果却同样是绚丽多彩的，并且只是使用了 Scratch 的几行代码。

开始写程序之前，看一眼下面的图片，看看最终的效果是怎样的。然后，登录网址 *https://www.nostarch.com/scratchplayground/* 来观看动画。

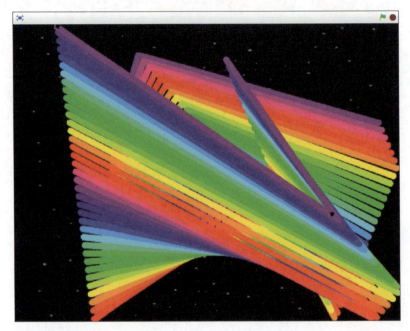

我们相信你也可以像这些 Demoscene 制作者一样，能够制作出精美的程序，让我们快来用 Scratch 创建属于自己的"Demo"图形吧。

设计游戏草图

想让 Scratch 程序能够运行出预期的结果，首先要学会设计草图，画出图形最终要呈现出什么样的效果。规划程序可以帮助你厘清思路，搞清楚整个程序中都需要哪些角色，以及它们最终呈现的效果。因此，建议你先将想法在纸上画出来，然后随时删除不喜欢的设计，随时记下你的思路和一些提示性的内容。

编写的程序最好从一个简单的项目开始着手。如果你从类似于《我的世界》或《塞尔达传说》这样复杂的游戏开始入手，很快就会被巨大的工作量所困扰。所以完成一个小项目远比处理一个没完没了的、未完成的和没有可玩性的游戏更有收获。

当你完成了一个简单的游戏后，就可以在它的基础上设计更加复杂的游戏，这就是【迭代开发】的理念。简单来说就是，先保证程序能够运行，然后逐步完善游戏。例如：在完成简单的程序后，你可以随时给它加入一些炫酷的元素；而当你觉得游戏太复杂的时候，就可以回顾一下设计草图，看看哪些部分是你不想要的。

整个程序的主要环节需要用草图简单设计一下，要制定出一个可行方案，但是草图的美观是其次的，所以别担心自己画的草图不美观。在本项目的草图中有 3 个部分：A、B 和 C。我们依次实现每一部分的功能，直到整个游戏制作完成。

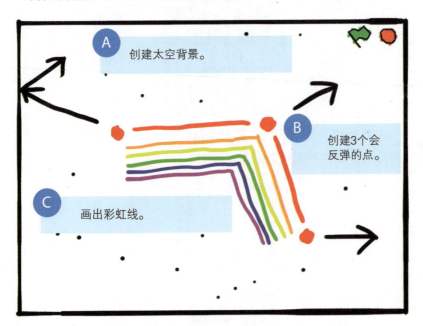

完成了程序草图之后，你就可以编程了！访问 https:// scratch. mit.edu/ 网站，注册一个账户并登录（只有注册账户才能在 Scratch 网站保存自己的程序）。完成登录后，点击屏幕上方的"**创建**"按钮，你就可以开始制作属于自己的 Scratch 项目啦。接下来，你需要点击左上角的文本框,把项目名称从【Untitled】改成【Rainbow Lines】(彩虹线)。现在我们一起从草图的 A 部分开始。

A 创建太空背景

第一步,我们要删除不需要的角色,设置一个背景。

1. 清理并设置舞台

当你创建一个新的 Scratch 项目时,就会看到一个橘色小猫的角色在空白的舞台上面。但是,我们的项目用不到这个小猫角色,所以你得在角色列表中右击 "Sprite1" 角色,也就是这只小猫,然后选择 **"删除"** 选项,将这只小猫从舞台和角色列表中移除。

在 "新建背景" 下方,点击 **"从背景库中选择背景"** 按钮(这个按钮的外观像一幅风景画)。

这时，背景库窗口就会被打开，并且按照字母的顺序列出了所有背景。选择名称为"stars"的背景，然后点击"确定"按钮。

现在，我们的舞台背景看起来像外太空！

Ⓑ 创建3个会反弹的点

第 2 步，我们要新增 3 个角色，用来代表飞行 "V" 字的 3 个点。

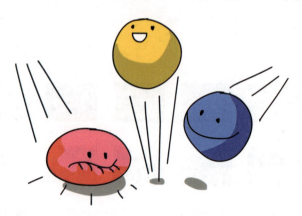

2. 画点

在"新建角色"旁边，点击**"绘制新角色"**按钮（这个按钮的外观像一把画画的刷子）。

这样在角色列表中就会创建一个名字为"Sprite1"（角色1）的新角色。点击这个按钮也会打开"造型"标签，里面包含了"绘图编辑器"。现在，你要在绘图编辑器中使用"画笔"工具，在十字线附近画一个小红点。在绘图编辑器内点击"放大"按钮（这个按钮的外观像一个放大镜），这时会出现放大的效果。

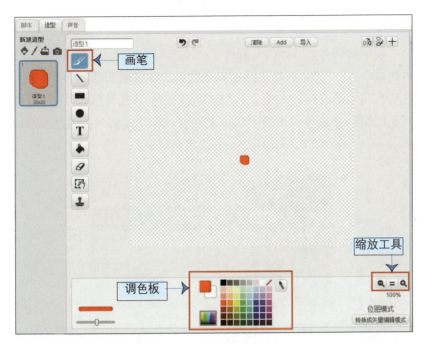

点击角色上的 ⓘ 按钮,打开"信息区域"。(你也可以通过右击角色,选择"信息"来打开"信息区域")。

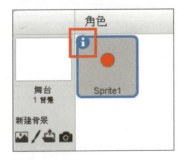

将角色的名称由"Sprite1"更改为"Dot1"。然后点击 ◀ 按钮关闭信息区域,再次显示角色列表。

3. 为"Dot1"角色添加代码

现在我们可以开始编写程序了。点击**"脚本"**标签页,切换到"脚本区域"。在"脚本区域"添加以下代码。你可以从以下分类中找到这些代码块:【事件】(棕色)、【动作】(深蓝色)、【运算符】(绿色)、【控制】(黄色)。如果你不懂如何拖动这些代码块,请访问网址 *https://www.nostarch.com/scratchplayground/* 观看动画。

当你点击绿旗图标时,"Dot1"角色会从 −180° 到 180° 随机选择一个角度作为要移动的方向。然后,让这个角色重复执行向前移动 10 步,并且碰到边缘就返回的动作。**"重复执行"**的作用就是让角色的动作无限循环下去。

你可能已经发现,"Dot1"角色还没有画出任何的彩虹线。当我们创建更多的角色后就会进行画线。

拓展:方向和角度

"上"和"右"对于你我来说都是方向的代名词,但是计算机需要一个数字来指明确切的方向。Scratch 中所有的角色都有各自代表方向的数字。这些数字的范围在 −180° 到 180° 之间。0° 表示面向上边。90° 表示面向右边。下图显示了许多朝向和相对应的角度。注意到了吗?这些角度在顺时针方向是增加的,而在逆时针方向是减小的。−180° 和 180° 都指向了同一个方向:"下"。

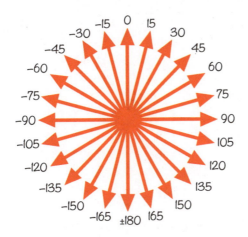

"在 –180 到 180 间随机选一个数"代码块的作用就是选择一个随机数作为方向,然后代码块"面向"的作用就是使角色面向那个方向,这意味着这个角色能够面向任何一个方向。

让我写一个新脚本来演示角度是如何工作的吧。在你的浏览器中按下 Ctrl-T 组合键打开一个新的标签页,并访问 *https://scratch.mit.edu/* 来打开一个新的 Scratch 编辑器。你能够同时编辑数个 Scratch 项目。

在"Sprite1"角色,也就是橘色小猫的脚本区域,添加来自【事件】(棕色)、【控制】(黄色)、【动作】(深蓝色)以及【外观】(紫色)的代码块。记住,我们现在正在编写一个完全独立的程序而不是"彩虹线"程序。代码如下。

当你运行这个程序时,小猫这个角色会朝向鼠标指针。小猫会说出它面对的方向。

太空中的彩虹线 **21**

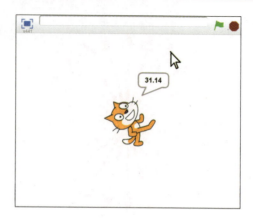

请注意这个代表角度的数字会随着小猫面向的角度改变而改变。

4. 复制"Dot1"角色

在角色列表中右击"Dot1"角色,选择"**复制**"。复制两次,你就得到两个副本:"Dot2"和"Dot3"。(Scratch 会自动为角色命名,并且名字中的序号自动递增)。

小贴士

点击绿旗图标来测试以上代码。检查一下,所有的 3 个点是否都在舞台上移动和跳跃。这是因为当你复制了角色时,同样会复制该角色的代码。然后,点击红色停止按钮,并保存你的程序。

C 画出彩虹线

现在我们已经创建了所有会反弹的点，接下来需要创建第 4 个角色点，用它来画出彩虹线。下面我们要为这个"画线点"编写程序，目的是让这个"画线点"在 3 个反弹点之间快速移动，并且在移动的同时也会画出一条线。这个过程将会重复 3 次，然后 10 秒之后会清空屏幕。

5. 为"画线点"角色添加代码

在 3 个"反弹点"中选择一个反弹点并右击，选择"**复制**"。因为复制了角色，该角色代码也会被复制，所以我们需要删除代码。方法就是在它自己的脚本区域，右击"**当绿旗被点击**"这个代码块，然后选择"**删除**"。还有一种方法就是，你可以把要删除的代码块拖曳到代码模块库区域，也就是编辑界面的中间，代码块会在这里消失。

点击 ⓘ 按钮，将"画线点"角色重命名为"Drawing Dot"。

为"画线点"增加以下两个脚本代码。你所需要的代码块在以下的分类中找到：【事件】（棕色）、【画笔】（宝石绿色）、【控制】（黄色）、【动作】（深蓝色）。

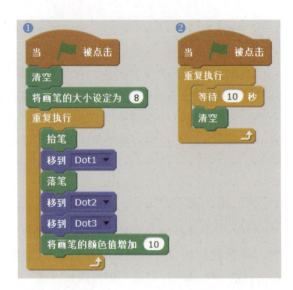

在脚本 ❶ 中，你要注意使用"**移到 Dot1**"代码块，而不是这个"**移到 x:() y:()**"代码块。还需要注意的是，确保你的"**移到 Dot1**"代码块选项进行了更改，而不是默认的"鼠标指针"的选择。而更改"移到"代码块选项的方法就是点击代码块上黑色的小三角，从菜单中选择一个角色。

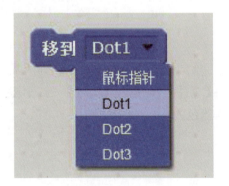

在你执行代码之前，我们先来思考一下程序是如何运行的。当你点击脚本 ❶ 中的绿旗图标时，"画线点"（Drawing Dot）角色会执行"清空"代码块，把舞台中的任何画线清空。然后脚本执行"落笔"代码块，它的作用就是让"画线点"角色在移动的同时还可以在舞台上画线。

为了更好地理解"落笔"代码块的作用，可以想象一下，当你拿着马克笔一边走一边在纸上画线，随着你的移动，纸上自然就会出现一条跟随着你的线。在我们的程序中，这个"画线点"先是移动到"Dot1"，然后"落笔"，画线的同时移动到"Dot2"，最后移动到"Dot3"。接下来，程序会执行"将画笔的颜色值增加10"代码块，稍稍地改变画笔的颜色（你可以更改代码块中的数值，数值越大，颜色变化得越快）。与此同时，"Dot1""Dot2""Dot3"这3个角色根据自身的代码继续移动。那么"V"字也会跟着"画线点"到处跑。

脚本 ❷ 中的代码更加容易理解。这些代码的作用就是每等待10秒，就会清空舞台上所有"画笔"代码块在之前画的线，这样舞台上就不会出现过多的彩虹线而影响美观了。

小贴士

点击绿旗图标测试以上脚本。你会在舞台上看到一个飞行的"V"字彩虹，每10秒彩虹就会清空。然后，点击红色停止按钮，并保存你的程序。

完整的程序

以下是整个程序的所有代码，注意"Dot1""Dot2""Dot3"这3个角色的代码是相同的。如果你的程序没有执行成功，请再次对照下面的代码进行检查。

加速模式

如果你按住"Shift"键的同时点击绿旗图标，就可以开启程序的"加速模式"。计算机通常可以让代码快速地运行，但是在屏幕中绘制图案的程序通常会拖慢计算机，使之卡顿。在"加速模式"中，并不是每行都执行绘制图案的代码，而是在几行代码之后绘制。人类的眼睛几乎观察不到这些被跳过的图案，程序看起来会运行得更快。

你现在按住"Shift"键的同时点击绿旗图标，在"加速模式"中执行【Rainbow Lines】程序。你会看到屏幕马上被彩虹线画满！最后，要关闭"加速模式"的方法就是再次按住"Shift"键的同时点击绿旗图标。

2.0版本：三角形的彩虹

相信你已经成功运行了【Rainbow Lines】，现在你可以尝试将这个程序提升一个层次。今后也是如此，当你完成了基础的程序编写后，要尝试着融入自己的新想法，勇于创新才能突破自我。

对于 2.0 版本的程序，我们一起将"Dot3"和"Dot1"相连接，这样我们的程序运行结果就不再是"V"字形的彩虹，而是一个三角形的彩虹在空中飞行。请按照下面的代码对"画线点"（Drawing Dot）角色的代码进行修改，但是注意不要修改其他代码。

这个新代码块**"移到 Dot1"**的作用就是从"Dot3"到"Dot1"之间画一条线，从而形成一个三角形。

> **小贴士**
>
> 点击绿旗图标测试以上脚本，你会在舞台上看到一个飞行的三角形彩虹。然后，点击红色停止按钮，并保存你的程序。

3.0版本：两条彩虹线

对于 3.0 版本的程序，我们将一条彩虹线改为两条独立的飞行彩虹线。

右击"Dot3"角色，选择**"复制"**，得到一个副本"Dot4"角色。然后按照以下代码对"画线点"（Drawing Dot）角色的代码进行修改。

这个新代码的作用就是让"画线点"在"Dot1"和"Dot2"之间落笔画线，然后抬笔，"画线点"移动到"Dot3"，再次落笔画线，在"Dot3"和"Dot4"之间画出一条线。

小贴士

点击绿旗图标测试以上脚本，你会在舞台上看到两条飞行的彩虹线。然后，点击红色停止按钮，并保存你的程序。

4.0版本：你来决定

现在你可以按照自己的想法对程序进行更改，创作出属于自己的 Demoscene 程序。其实在本章的程序中，你画的是直线，但是如果学习了贝济埃曲线背后的数学原理，你还可以制作出美丽的曲线。还有一种可以创作美丽图形的数学概念是分形学，请看下图。

你可以访问 Scratch 网站，搜索"bézier"（贝济埃曲线）、"factals"（分形学）、"demoscene"，为改进程序获得灵感。你也可以点击程序网页上的"转到设计页"按钮，浏览每个 Scratch 程序的代码块。访问这个网址：https://www.nostarch.com/scratchplayground/，你可以查看一些典型的案例。

总结

在本章中，你完成的项目包含如下要点：

▶ 自己绘制的自定义角色（即使就是一些简单的点）。
▶ 使用"在 180 到 –180 间随机选一个数"代码块，让角色可以随机面向一个角度方向。
▶ 让角色移动并且碰到舞台边缘就反弹。

- ▶ 复制角色和该角色的代码。
- ▶ 使用【画笔】代码块画线。

对于这个项目来说，用户可以观看演示，但是不能控制程序。在第 3 章中，你将会制作一个迷宫类游戏，这里将不再局限于观看演示，而是可以通过键盘来与程序进行互动。这将是本书中第一个真正的游戏项目！

回顾思考

尝试着回答下面的问题，以检测一下自己所掌握的知识。也许有的问题你不知道答案，但是你可以探索 Scratch 编辑器来找到答案。（也可以访问网址 http://www.nostarch.com/scratchplayground/ 寻找答案）。

1. 当角色执行了"落笔"代码块时，会出现什么样的效果？
2. 程序运行之后，角色可以移动，但是并没有画线，是什么原因导致了这种错误？
3. 在这个【Rainbow Lines】程序中，哪个代码块的作用是让直线看起来像彩虹？
4. 你用哪个代码块让彩虹线条变粗？
5. 你是如何将程序运行转换为"加速模式"的？又是如何关闭的呢？
6. 你如何复制一个角色以及这个角色的代码块？
7. 当角色的方向为 90°时，会面向哪里？
8. 多少度的角度会面向上方？
9. 假如你想要让角色面向下方移动，你要在哪个颜色的代码块分类中找到？
10. 你要如何从 Scratch 的背景库中选择一个背景？
11. 你可以在角色列表中看到一个角色默认的名字为"Sprite1"，你要如何操作才能将这个角色重命名？

第 3 章
穿越迷宫

相信你已经在之前玩过迷宫游戏，但你是否尝试过制作一个迷宫游戏呢？完成一个迷宫游戏是比较棘手的，但是编写一个迷宫程序还是比较容易的。在本章中你将尝试创造一个迷宫游戏——《迷宫跑者》，游戏者可以引导一只小猫穿梭在迷宫中，并到达最终的目的地——一个美味的苹果！大家将在本章中学习如何利用键盘让小猫移动并且用墙阻挡小猫的去路。

在开始编写程序之前，请先观察这张迷宫图，然后打开网址 https://www.nostarch.com/scratchplayground/，体验一下这个有趣的游戏吧。

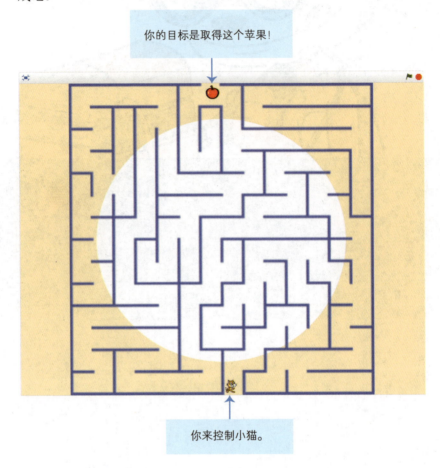

设计游戏草图

首先，在纸上规划出游戏草图，以提高游戏的趣味性。草拟出的迷宫游戏是下图这样的。

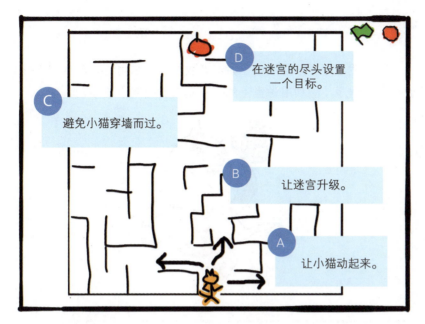

如果你想节约时间，可以从这个框架文件开始尝试，这个文件的名字叫【maze-skeleton.sb2】，在资源 ZIP 文件内。前往 *https://www.nostarch.com/scratchplayground/*，右击链接并选择**"将链接另存为"**（Save link as）或者**"将目标另存为"**（Save target as）。下载完成后，从压缩包中将所有文件解压出来。项目中包括了所有的角色文件，你只需将代码块拖到每个角色中即可。点击**"文件"**菜单，然后选择**打开项目**，在此选择【maze-skeleton.sb2】文件。

即使你不用框架文件，依然需要从网站中下载 ZIP 文件。这个文件含有你在本章学习中需要的迷宫图形。

如果你想要创造属于自己的全新内容，点击"文件"→"新建"，创建一个 Scratch 项目。在菜单栏左上角中，将【Untitled】（未命名）更改为【Maze Runner】（迷宫跑者）。

穿越迷宫 **33**

A 让小猫动起来

在《迷宫跑者》游戏中,游戏者要控制小猫角色。在 A 部分中,你要设置程序,能利用键盘上的上下左右键控制小猫移动。

> **拓展:探索 x 坐标与 y 坐标**
>
> 为了让小猫可以在舞台中移动,需要先学会坐标知识。【坐标】上的数字代表着具体的位置信息。x 坐标(同时也被称作【x 位置】)代表着角色在舞台上左右的具体位置信息。换句话说,x 坐标是角色的水平位置。y 坐标(也被称作【y 位置】)代表着角色在舞台中上下的具体位置信息。y 坐标是角色的垂直位置。
>
> x 和 y 坐标的作用是确定角色在舞台中的具体位置。当书写坐标信息时,x 坐标写在前面,两个坐标被逗号隔开。例如,x 坐标是 42,y 坐标是 100,书写出来是这样的:(42,100)。
>
> 在舞台最中央位置的坐标是(0,0),这个点被称作【原点】。在接下来的讲解中,Scratch 程序的背景图为背景库中的"xy 格子"背景(x,y 格子背景是需要下载的,请点击"新建背景"下方的"从背景库中选择背景"按钮)。下图中就添加了若干角色,并显示了它们的 x 坐标和 y 坐标。

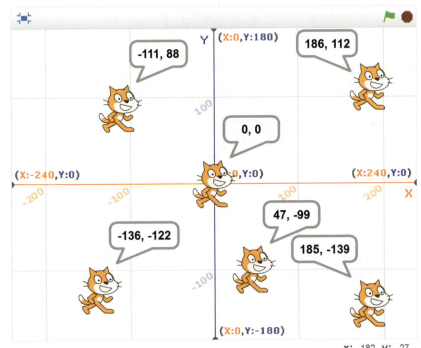

舞台最右侧边缘的 x 坐标是 240。当你越往舞台的左侧运动，x 坐标越小；在舞台正中时，x 坐标是 0。从舞台中线向左移动时，x 坐标会变为负数。舞台最左侧边缘的 x 坐标是 –240。y 坐标与此类似：舞台最上面边缘的 y 坐标是 180，正中的 y 坐标是 0，舞台最下面边缘的 y 坐标是 –180。

鼠标移动时的 x 坐标和 y 坐标显示在舞台右下角，在上面的图中，鼠标指在（–182,–27）的位置，表示了 x 坐标是 –182，y 坐标是 –27。

Scratch 可以在舞台右下角显示出选中的角色当时所在的 x 坐标以及 y 坐标。当你改变角色的 x 坐标以及 y 坐标时，该角色也会在舞台中移动。关于它们的坐标信息如下。

让角色……移动	改变它的……	通过改变……来实现
向右	x 坐标	为正数
向左	x 坐标	为负数
向上	y 坐标	为正数
向下	y 坐标	为负数

穿越迷宫 **35**

在蓝色的【动作】代码模块库中有很多代码块可以改变角色的 x 坐标位置和 y 坐标位置，例如"**将 x 坐标增加……**"以及"**将 y 坐标增加……**"代码块。

1. 添加小猫移动代码

在下面的脚本中，首先需要添加代码，实现利用方向键控制小猫角色的移动。在这之前，需要点击角色左上角的 ⓘ，将它重命名为"Orange Cat"。接下来为该角色添加如下的脚本，可以在【事件】、【控制】、【侦测】以及【动作】分类里找到这些代码块。

重复执行语句中的判断命令——"上移键"是否被按下。这段程序模块可以这样理解：该段代码将会重复判断"上移键"是否被

按下，如果是，那么 y 坐标增加 4"。如果"上移键"没有被按下，程序将会跳过"如果……那么……"代码块。

这段程序的运行结果如下：按下"上移键"，小猫会向上移动。由于"重复执行"代码块会一直检查并判断"上移键"是否被按下，需要按下红色停止按钮才会停止检查。

要想让这个程序正常运作，"重复执行"代码块必不可少。我们的目的就是让程序能够重复执行当"上移键"被按下时，坐标增加的命令。如果没有它，程序只会在"上移键"被按下时执行一次就终止。因此，如果你的程序运行结果不是预想的那样可以控制小猫移动，最好检查一下自己是否忘了添加"重复执行"代码块。

编写这段程序时应注意需要使用"将 y 坐标增加……"代码块，而不是"将 x 坐标增加……"或"将 y 坐标设定为……"代码块。如果你的程序依然不能正确执行，请再次检查程序是否与书中的设置一致。

小贴士

点击绿旗图标测试以上脚本，按下"上移键"，控制小猫向上移动。然后点击红色停止按钮，并保存你的程序。

2. 为小猫角色复制移动程序模块

现在需要为小猫添加其他 3 个方向键的程序模块：向下、向左和向右。这 3 个移动方向的程序模块类似于向上移动的程序模块。为了节省时间，你可以右击"如果……那么……"代码块并选择**复制**出更多的相同模块。复制出来的代码模块是一样的，你只需要为其他方向键更改侦测代码块中的值和深蓝色的【动作】模块（注意左右方向键的代码模块，需要运用"将 x 坐标增加……"代码块）。复制模块往往比从代码模块库中重新拖曳要快得多。

程序会依次判断 4 个方向键是否被按下。当判断完右键是否被按下后，程序会重新回到循环的开始并判断上键是否被按下。计算机处理判断的速度太快，以至于对人眼来说 4 个方向键几乎是同时被判断的！

> **小贴士**
>
> 点击绿旗图标测试以上脚本。当你按下不同的方向键时，小猫可以向上、下、左、右方向运动。请注意橘色小猫的大小要能够在你下面要创造的迷宫中穿行。请点击红色停止按钮，并保存你的程序。
>
> 如果你的程序运行错误，并且不知道如何修正它，可以打开 ZIP 文件里的【maze-part-a.sb2】项目文件，可以利用这个文件进行测试并学习。点击"文件"→"打开"，从你的计算机里加载【maze-part-a.sb2】文件，然后再开始 B 部分的编写。

B 让迷宫升级

接下来，我们准备创建迷宫角色并且设置背景。为了提高游戏的趣味性，我们为游戏设置了多个级别。

3. 下载迷宫图形

可以自己画出迷宫角色，但是在这里我们用 ZIP 文件里的图形先来代替，迷宫图形文件名为【Maze.sprite2】。

点击"**从本地文件中上传角色**"按钮并选择【Maze.sprite2】文件。这个文件创造了一个新角色——"Maze"（迷宫），其具备了多个迷宫造型。其实，每一个 Scratch 角色都可以拥有多个不一样的造型，这样的特点可以让角色在舞台上展现动画效果。点击"**造型**"标签页可以查看该角色具备的所有造型。

如下图，你的角色列表应该是这样的。

选择"从本地文件中上传角色"按钮。

4. 修改背景

为了让迷宫变得更加美观精彩，你可以选择一个自己喜欢的背景。通过点击在"新建背景"下的"**从背景库中选择背景**"按钮来打开 Scratch 背景库窗口。选择一个背景（示例中选择的是"光"）后点击"**确定**"按钮。

5. 从第一个迷宫开始

在"Maze"（迷宫）角色脚本区域中加入如下程序。你可以在【事件】、【外观】以及【动作】分类中找到这些代码块。

每一个迷宫角色的造型都是一个新级别。这段程序就是让游戏开始时（玩家点击绿旗图标开始），迷宫以第一个造型展现，然后保证迷宫在舞台上处于中央位置。我们将会在第 8 步和第 9 步开始加入新的程序，从而切换到下一个级别。

编写程序时一定要注意，当前脚本区显示的脚本，是属于此时在角色列表中处于选中状态角色的脚本。因此，请确保"Maze"（迷宫）角色在角色列表中是被选中的状态；否则，你会把程序模块加给另一个不同的角色。每一个角色运行各自对应的程序。如果你在**"将造型切换为"**中没有看到"Maze1"造型，那么橘色小猫角色很可能是此时被选中了。

如果你的程序运行错误，并且不知道如何修正它，可以打开 ZIP 文件里的【maze-part-b.sb2】项目文件，可以利用这个文件进行测试并学习。点击"文件"，从你的计算机里加载【maze-part-b.sb2】文件，然后再开始 C 部分的编写。

C 避免小猫穿墙而过

现在点击绿旗图标，你可以利用键盘控制小猫在迷宫里移动。例如：当右键被按下时，让小猫朝右运动。但是，小猫不能在迷宫中穿墙而过，这就需要在程序中添加避免小猫穿墙的代码。

6. 侦测小猫是否碰到了墙壁

首先，我们需要添加能让小猫侦测是否接触墙壁的程序，如果小猫碰到墙壁，就需要向后退回。也就是，当小猫向右运动中碰到墙壁时，它需要向反方向，即向左边运动。这能够阻挡小猫继续前进并防止它穿墙而过。点击角色列表里的橘色小猫角色，按照下图修改脚本区域的代码。请注意我们用的是**"碰到"**代码块，而不是**"碰到颜色……"**代码块。

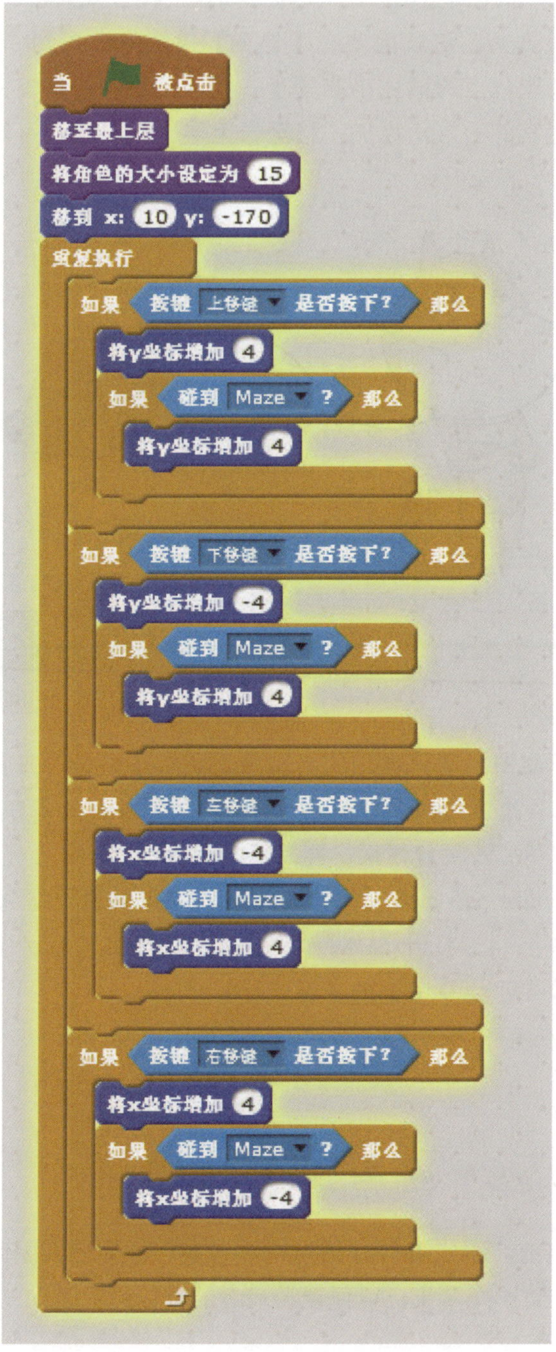

在程序最上面我们添加了"移至最上层""将角色的大小设定为……"代码块。这样做的目的是因为，之前你应该已经注意到，和迷宫相比，橘色小猫的大小就像哥斯拉一样（太大啦！），让小猫看起来很不真实。这就需要在【外观】模块库中找到"设置大小"代码块，让舞台上的橘色小猫变小。同样，还需要让橘色小猫角色一直处于迷宫的上层，添加"移至最上层"代码块就可以解决这个问题。

小贴士

点击绿旗图标测试以上脚本。观察橘色小猫是否可以避免穿墙而过，请在4个方向测试。然后点击红色停止按钮并保存你的程序。

如果你的程序运行错误，并且不知道如何修正它，可以打开ZIP文件里的【maze-part-c.sb2】项目文件，利用这个文件进行测试并学习。点击"文件"→"打开"，从你的计算机里加载【maze-part-c.sb2】文件，然后再开始D部分的编写。

D 在迷宫的尽头设置一个目标

截至目前，游戏者何时结束迷宫游戏还不明确，因此我们在迷宫的尽头放置一个苹果，以便让游戏者的目标更明确。

7. 创建苹果角色

请点击"新建角色"旁边的**"从角色库中选取角色"**按钮(该按钮图标看起来像一张脸)。当角色库的窗口出现时,选择"苹果"并点击**"确定"**按钮。返回角色列表,点击苹果角色左上角的 ⓘ 按钮,更改角色名称为"Apple"(苹果)。

当游戏开始时,"Apple"角色需要移动到迷宫尽头,也就是迷宫的最上方。苹果在舞台上的显示同样需要足够小,这样才可以与迷宫相匹配。请添加如下程序模块到"Apple"角色上。

8. 侦测到游戏者何时接触到了苹果

现在《迷宫跑者》游戏需要添加代码来侦测玩家什么时候抵达终点。当玩家到达终点时,程序播放胜利的声音并且将迷宫造型换成下一个级别。下载胜利的声音方法是在角色列表选择橘色小猫,点击**"声音"**标签页,然后点击**"从库中选择声音"**按钮(该按钮看起来像喇叭并且在新声音的下方)。

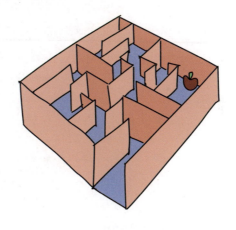

在出现的声音库窗口中,选择"cheer"(欢呼),然后点击**"确定"**按钮下载声音。现在点击**"脚本"**标签页,将如下脚本添加到橘色小猫的代码中。

点击**广播**代码块的下拉菜单并选择"**新信息**",让广播模块播放下一个迷宫的信息。

在出现的窗口中,输入"new maze"(新迷宫),然后点击"**确定**"按钮。

9. 给迷宫角色添加处理广播消息代码块

点击角色列表里的迷宫角色，添加如下代码。

小贴士

点击绿旗图标测试以上代码。尝试运行完整的游戏，观察小猫抵达迷宫终点时是否会进入下一级别。测试完毕后，点击红色停止按钮，并保存程序。

完整的程序

下图中展示了完整的程序，如果你的程序不能正常运作，可对照这个完整程序进行检查。这个完整程序同样在 ZIP 文件中被保存命名为【maze.sb2】。

希望这段迷宫程序对你来说并不复杂。

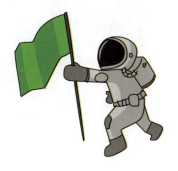

穿越迷宫　**45**

2.0升级版本：双玩家模式

现在基础版本的迷宫游戏已经可以玩了，我们可以进一步添加小的改进措施。以递进的改进方式可以帮助你避免一次性完成较大的游戏。

在《迷宫跑者》的 2.0 版本里，需要添加第二个玩家。这两个玩家互相竞争。第一个玩家从底部出发前往顶部；第二个玩家从顶部出发前往底部。因为他们要从同一条道路经过，所以距离对他们是一样的。

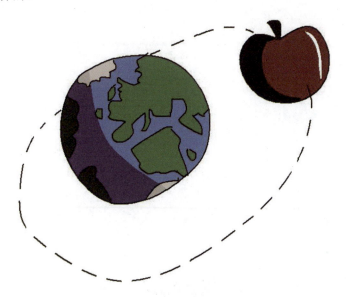

复制"Apple"角色

同样，第二个玩家也需要目标。右击"苹果"（Apple）角色，在弹出的快捷菜单中选择**"复制"**命令，就会复制出一个具备相同程序的苹果。第二个新角色被自动命名为"Apple2"。选中"Apple2"角色，点击**"造型"**标签页。从底部选择绿色，然后选择**"填充"工具**（它看起来像一个倾斜的颜料桶）。之后点击苹果的红色部分，将红色部分变为绿色，如下图所示。

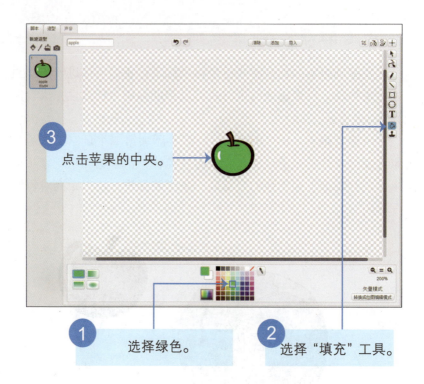

修改"Apple2"角色的程序

按照下图修改"Apple2"角色的程序,让绿苹果从迷宫底部出发而非从顶部。

复制橘色小猫角色

现在我们添加第二个小猫角色。右击小猫角色,在弹出的快捷菜单中选择"**复制**"命令,复制出一个具备相同程序的小猫角色。为了区分之前的小猫角色,新的角色被自动命名为"Orange Cat2"(橘色小猫 2)。就像你对"Apple2"角色所做的一样,点击"**造型**"标签页,将小猫更改为蓝色。

点击角色的 ⓘ 按钮,重命名为"Blue Cat"(蓝色小猫)。

更改蓝色小猫角色的程序

此时蓝色小猫角色的程序与橘色小猫的程序一模一样。你需要改变蓝色小猫的程序;否则,键盘键将可以同时控制两个小猫角色。第二位玩家将会通过"W、A、S、D"键来控制蓝色小猫。W 键、A 键、S 键和 D 键经常被当作左手操作的上键、左键、下键和右键。

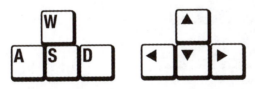

按照下图更改蓝色小猫的脚本代码——"**移到 x:() y:()**"代码块和"**按键……是否被按下?**"代码块。同样,请记得将"碰到 Apple?"改为"碰到 Apple2?"。

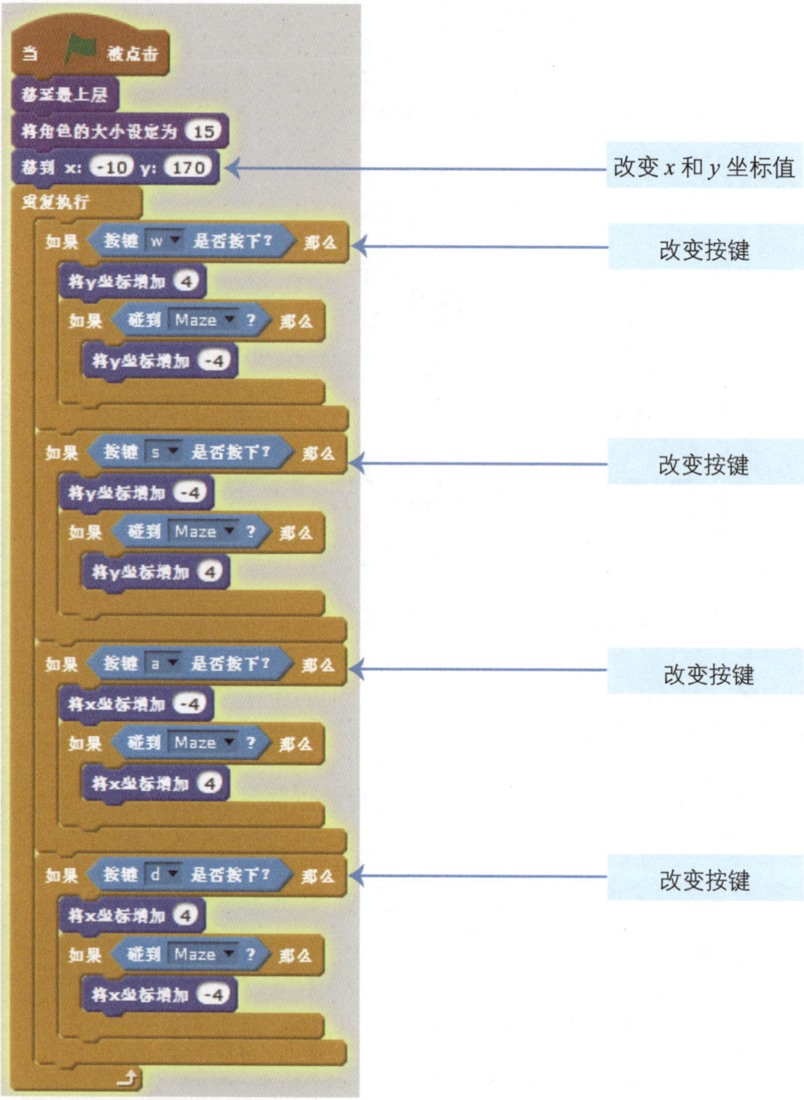
当 被点击
移至最上层
将角色的大小设定为 15
移到 x: -10 y: 170
重复执行
如果 按键 w 是否按下? 那么
将y坐标增加 4
如果 碰到 Maze ? 那么
将y坐标增加 -4
如果 按键 s 是否按下? 那么
将y坐标增加 -4
如果 碰到 Maze ? 那么
将y坐标增加 4
如果 按键 a 是否按下? 那么
将x坐标增加 -4
如果 碰到 Maze ? 那么
将x坐标增加 4
如果 按键 d 是否按下? 那么
将x坐标增加 4
如果 碰到 Maze ? 那么
将x坐标增加 -4
改变 x 和 y 坐标值
改变按键
改变按键
改变按键
改变按键

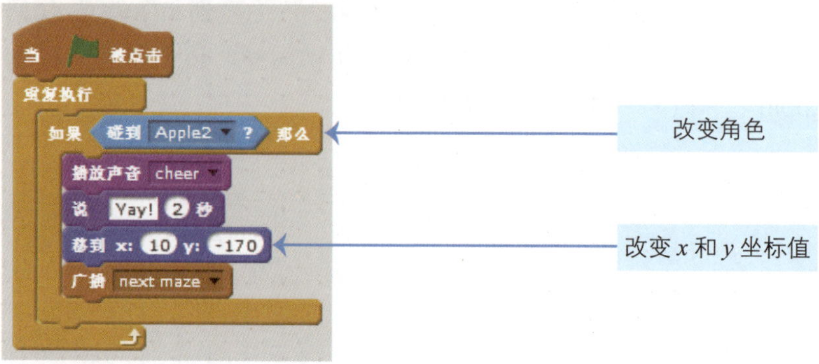
当 被点击
重复执行
如果 碰到 Apple2 ? 那么
播放声音 cheer
说 Yay! 2 秒
移到 x: 10 y: -170
广播 next maze
改变角色
改变 x 和 y 坐标值

返回起始位置

有两种情况会让小猫角色重新返回起始位置。一种情况如下：当玩家控制小猫角色到达苹果时；另一种情况如下：对方玩家率先到达苹果目的地时。因此，请添加如下脚本到橘色小猫角色。

同样，添加如下脚本到蓝色小猫角色。

这样，如果有其中一只小猫赢了，并且广播"next maze"的消息，两只小猫会同时进入它们各自的起始位置。

> **小贴士**
>
> 点击绿旗图标测试以上脚本。试着运用方向键和"W、A、S、D"键来控制移动。观察这8个按键是否能够正确控制相对应小猫移动的方向。然后，尝试玩完整个游戏，观察小猫碰到苹果时是否会升级到下一个级别的迷宫游戏。请点击红色停止按钮，并保存你的程序。

刚刚升级的迷宫游戏可以支持两位玩家同时玩游戏。快找一位好朋友和你比一比！注意，玩家1运用方向键控制，玩家2运用"W、A、S、D"键控制。

3.0版本：陷阱

当你和对方玩家玩过几次《迷宫跑者》游戏后，单纯穿过迷宫就显得太简单了。让我们通过设置陷阱来让《迷宫跑者》变得更难一些。钉子陷阱会突然发射出钉子，如果玩家接触到陷阱发射出的钉子，玩家移动小猫的速度会减慢，这便给了对方玩家超越并领先的机会！

为陷阱画一个新角色

请点击"新建角色"旁边的**"绘制新角色"**按钮。这个角色将有两个不同的造型：一个造型代表钉子在陷阱内，另一个造型代表钉子被射出。不要担心，钉子陷阱的绘制非常简单。你只需要点击**"线段"**工具和调色板中的"黑色块"，在造型中心处绘制一条线，这就代表钉子在陷阱内，给这个造型重命名为"trap off"（陷阱关）。

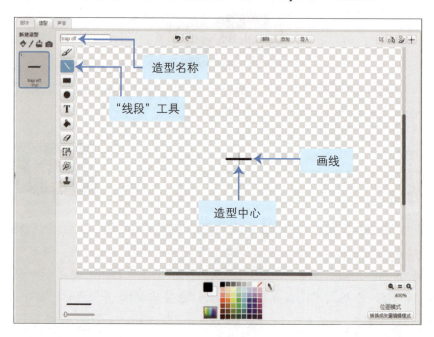

为陷阱创造第二个造型

陷阱角色的第二个造型用来显示出钉子被射出。右击"trap off"（你刚刚画的一条单线条），在弹出的快捷菜单中选择**"复制"**命令来创建新造型"trap off2"。在"trap off2"里，在调色板中选择"灰色块"，按照下图画出钉子出现的线条，造型名称改为"trap on"（陷阱开）。

请确保陷阱角色足够小,以便放进迷宫中。为了缩小它,点击"**缩小**"工具(正如下图所示),然后点击在舞台上的角色。你可以多次点击"缩小"工具,直到将其缩小到合适尺寸。

同样,请点击角色左上方的 ⓘ 按钮打开信息区域,将其重命名为"Trap"(陷阱)。

给陷阱添加克隆程序

由于在迷宫中需要若干个陷阱,因此你可以直接复制陷阱角色。这里向你提供一个更好的方法:利用克隆模块来克隆已有的陷阱角色。"Trap"(陷阱)角色的程序如下。

穿越迷宫 **53**

"重复执行6次"代码块能够让"克隆自己"模块运行6次。这些克隆体能够在"当作为克隆体启动时"开始运行。这个脚本首先让"Trap"角色随机出现在迷宫的任意位置。经过"等待2秒"模块的短暂停留后,"重复执行"代码块让它在"trap off"(陷阱关)与"trap on"(陷阱开)两个造型间切换,使得钉子可以循环发射出。

小贴士

点击绿旗图标测试以上脚本。尝试让两个玩家使用方向键和"W、A、S、D"键分别控制对应的小猫移动,注意方向键只能控制橘色小猫的移动方向,"W、A、S、D"键也只能控制蓝色小猫的移动方向。当第二个玩家触摸到绿色的苹果时,确保下一个迷宫的级别会发生变化。也要注意两个玩家在切换到下一个迷宫级别时会返回起点。测试完毕后,点击红色停止按钮,并保存你的程序。

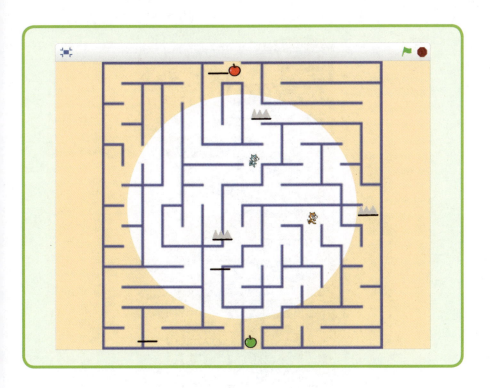

修改橘色小猫的程序

到目前为止，小猫还没有设定功能：当触碰到钉子后会出现什么样的反馈。请在角色列表中选择橘色小猫角色，之后在已有的程序模块最下面的**"重复执行"**内添加如下图中的代码块。其中，**"碰到颜色……"**代码块的颜色可以进行更改，方法是点击代码块内的颜色方块，然后在 Scratch 编辑器中挑选所需的颜色并点击，这时代码块内的颜色就会更改为刚刚所挑选的颜色。下面请设置**"碰到颜色……"**代码块为灰色——与"Trap"角色中的钉子颜色相同（如果你没有看见钉子，请点击"Trap"角色，随后点击**"造型"**标签页，选择"trap on"，这样当前"Trap"角色显示的造型为"trap on"的造型，进而你可以选择所需要的灰色）。请为小猫角色添加如下脚本。

现在小猫如果出现停留现象，并发出声音和显示出对话框"Ouch!" 2秒，代表它触碰到了灰颜色，也就是碰到了钉子。如果它可以安然无恙地通过陷阱，就代表没有碰到钉子。

小贴士

点击绿旗图标测试以上脚本。请尝试让小猫走过这些陷阱。当小猫碰到钉子时,观察小猫是否会做相应的反馈。请点击红色停止按钮,并保存你的程序。

把橘色小猫的程序复制到蓝色小猫

第二个玩家的小猫,即蓝色小猫,同样需要添加"碰到颜色……"代码块。你可以运用以下捷径:找到橘色小猫程序中最后添加的"如果碰到颜色……,那么……"这段代码块,然后点击这段代码,按住鼠标左键不放,直接拖曳到角色列表里的蓝色小猫上。这段程序模块不会从橘色小猫脚本区消失,同时也会出现在蓝色小猫的脚本区。这种复制技巧通常比重新拖曳新模块要快。

现在,点击角色列表里的蓝色小猫。将刚刚复制好的程序拖曳到"重复执行"语句里。这段程序与橘色小猫里的一模一样。下图演示了如何复制这些程序。

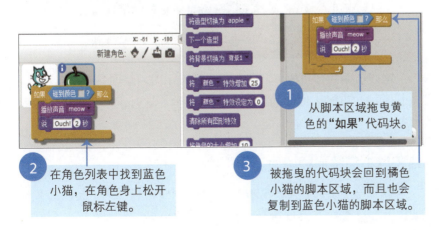

穿越迷宫 **57**

到目前为止，我们已经完成了 3.0 版本的《迷宫跑者》，其拥有了陷阱以及两名玩家，比 1.0 版本更有趣了。你可以继续改进这个游戏，让它变得更加精彩。最后，我们会介绍一些技巧，以帮助玩家更顺利地通关。

"作弊"模式：穿墙而过

"穿墙术"是一个炫酷的"作弊"模式，但是其也不能让玩家非常轻松地穿过很多面墙。你需要添加巧妙的"作弊"方式：当按下特殊的隐秘键时，才可以让小猫穿墙。

给橘色小猫添加穿墙而过的程序

对于橘色小猫角色，需要修改它移动的程序模块，将"碰到 Maze？"代码块替换成"碰到 Maze？且按键 l 是否按下？不成立"代码块。请按照下图修改"上移键"的脚本，其他 3 个方向键的脚本也需要将侦测判断条件进行类似的修改，分别添加"按键……是否被按下"代码块。

这段代码的作用如下：当 L 键未被按下时，墙面具有阻挡功能；当 L 键被按下时，墙面的阻挡功能会取消，这时玩家就可以穿墙而过了。

给蓝色小猫添加穿墙而过的程序

给蓝色小猫同样地添加穿墙而过的程序模块（除了将"当 L 键被按下"更改为"当 Q 键被按下"）。因此，第二位玩家按下 Q 键时就能穿墙而过。

小贴士

点击绿旗图标测试以上脚本。观察当按下 L 键或 Q 键的时候，小猫是否会穿墙而过。请点击红色停止按钮，并保存你的程序。

拥有了这个"作弊"模式，你可以在游戏中"偷懒"，让小猫穿墙而过。

总结

在本章中，你完成的游戏包含如下要点：
- 通过按下指定的键能够控制小猫向上、向下、向左、向右进行移动。
- 可以控制小猫不能穿过墙面。
- 能够从一个角色中广播信息，让另一个角色接收。
- 创建一个拥有 8 种不同造型的迷宫角色。
- 可以支持两个玩家同时玩游戏，分别用不同的键控制两只小猫移动。
- 添加了能随机出现的陷阱，对玩家造成拖延效果。
- 创造了让小猫可以穿墙而过的"作弊"模式。

双玩家模式的游戏比单玩家模式的游戏更令人兴奋。现在，除了单纯走过迷宫，你还可以与另一个玩家对抗啦！快去和小伙伴们炫耀你的 Scratch 游戏吧！

在第 4 章中，你将创造一个《篮球》游戏。这个游戏会运用侧景视角，它不像迷宫的鸟瞰视角，这意味着你可以制作出跳跃以及重力效果，这些效果会在很多 Scratch 游戏中用到！

回顾思考

尝试着回答下面的问题，以检测一下自己所掌握的知识。也许有的问题你不知道答案，但是你可以探索 Scratch 编辑器来找到答案。（也可以访问网址 *http://www.nostarch.com/scratchplayground/* 寻找答案）。

1. 哪个模块可以改变角色的大小？
2. 一个角色如何用程序做到给另一个角色传递信息来执行操作？
3. 你会如何利用"W、A、S、D"键控制角色移动？
4. 你会如何从一个角色的脚本区中选取部分代码块复制给另一个角色？
5. 如果你错把"将 x 坐标增加……"代码块用成了"将 y 坐标增加……"代码块会发生什么？
6. 如果你需要一个角色播放欢呼声，如何下载这个声音？
7. 请看如下程序。它能让玩家按方向键从而控制角色左右移动。它成功了，但是你如何能让角色运动得更快呢？

穿越迷宫 **61**

第 4 章
灌篮高手

　　很多跳台游戏比如《超级马里奥》《大金刚国度》等,都可以用侧面视角展示多种效果。也就是说屏幕的底部是地面,角色都只展示侧面。同时,这些游戏还具有重力效果:角色能在落地前完成跳起和下落的动作。在本章中,我们将编写一个具有重力效果的《篮球》游戏。在角色完成起跳并投球后,篮球将和它一起下落。

在开始编码之前，让我们先到 *https://www.nostarch.com/scratchplayground/* 看看程序的最终运行效果。

设计游戏草图

首先，我们一起来分析并画出整个游戏的草图。玩家控制小猫，让它可以向左右运动并可以跳起，目的就是让它把篮球投入随机移动的篮筐中。

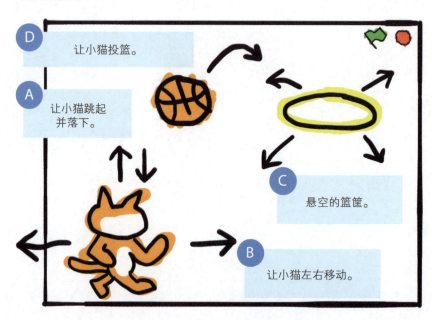

如果你想节约时间，则先从一个框架文件开始做起，请到 https://www.nostarch.com/scratchplayground/ 下载【basketball-skeleton.sb2】的项目压缩文件。右击链接并选择"**将链接另存为**"或者"**将目标另存为**"。下载完成后，从压缩包中将所有文件解压出来。项目中包括了所有的角色文件，你只需将代码块拖到每个角色中即可。

Ⓐ 让小猫跳起并落下

先让我们为小猫添加重力效果，让小猫跳起和落下吧。

1. 给小猫角色添加重力代码

点击 ⓘ 按钮打开名为"Sprite1"的角色信息区域，将该角色的名称改为"Cat"（小猫），接着关闭角色的信息区域。在 Scratch 编辑器上部的文本框中将项目名称从【Untitled】更改为【Basketball】（篮球）。

选择新建背景下的"**从背景库中选择背景**"，打开背景库窗口，选择图片"brick wall1"，并点击"**确定**"按钮对背景进行更改，更改后应该是这样的。

重力编程需要设置【变量】。你可以将变量当作在以后的编程过程中使用的一个存储数字和文本的盒子。这里，我们需要创建一个存储数字的变量，用来决定小猫下落的速度，方法如下。

首先，确认在角色列表区中选中角色"Cat"，然后点击"脚本"

灌篮高手 **65**

标签页。在橙色的【数据】分类中，点击**"新建变量"**按钮打开一个"新建变量"窗口，输入"y velocity"作为变量名（velocity 是用来描述物体移动的快慢和方向的一个变量。当变量为一个正数时，小猫就能向上移动。当变量为负数时，小猫就向下移动）。确保**"仅适用于当前角色"**单选按钮被选中（如果你选中的是"适用于所有角色"，那么变量会作用于整个程序，而不仅作用于角色"Cat"），点击**"确定"**按钮，完成新建变量的步骤。

确保【仅适用于当前角色】单选按钮被选中

这时候，在【数据】分类中会出现几个新的程序块，其中一个就是我们刚才创建的 y velocity 变量，如下所示。

拓展："适用于所有角色"与"仅适用于当前角色"的区别

创建"y velocity"变量，你必须选择**"仅适用于当前角色"**。这个选项决定了创建的变量只作用于"Cat"这一个角色。选择"适用于所有角色"选项创建的变量，所有的角色都能使用。

要验证你创建的变量类型，可点击功能块中圆形的变量，让变量显示在舞台中。如果你选择的是"仅适用于当前角色"，那么角色名称会出现在变量名称前面。但是如果你在创建变量时选择的是"适用于所有角色"，则只会显示变量名。

y velocity 变量前有"Cat"这样的角色名称显示，表示这是一个"仅适用于当前角色"的变量。

点击复选框，让变量显示在舞台中。

如果你的选择错误，那么"Cat"的角色名称就不会出现在变量名前面。这时，只需右击"y velocity"变量块，从菜单中选择"**删除变量**"，然后重新创建"y velocity"变量，并注意选择"**仅适用于当前角色**"。

和任何变量块一样，你可以将"y velocity"拖放到任何输入数字或者文本内容的代码块中。使用变量的好处就是，你能在程序运行的时候，通过改变变量的数据来对程序进行操控。

给变量赋值的方法就是运用橙色的"**将……设定为……**"功能块。比如，假设你创建了一个"greeting"变量，你可以通过"**将……设定为……**"代码块将它的值设为"Hello!"。然后通过"**说……**"功能块去使用"greeting"变量，其效果和直接输入"Hello!"是一样的。（这里只是举例说明，不要把"greeting"变量添加到程序中。）

灌篮高手

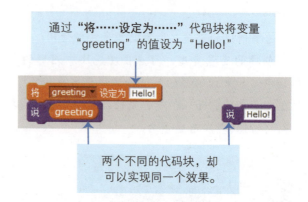

通过"将……设定为……"代码块将变量"greeting"的值设为"Hello!"

两个不同的代码块,却可以实现同一个效果。

如果你想在程序运行的时候,改变变量"greeting"的内容,就可以向程序中添加另外一个**"将……设定为……"**代码块。如果要将数字赋值给变量,可以通过**"将……增加……"**代码块对数字进行加减操作。

重力的作用是让目标角色做加速向下运动。在本游戏中,当程序运行的时候,角色"Cat"会有一个下降的动作。在下降的过程中,速度需要改变。给程序添加如下代码,会给角色增加重力效果。本段代码可以让你的角色在重力作用下下降。你也可以将代码运用到任何需要下降动作的角色中。

这段代码的运行原理就是当点击绿旗图标时,"y velocity"变量的值就被设置为0,程序**重复执行**以下命令:小猫的 y 坐标(垂直位置)会按照当前"y velocity"变量值进行改变。每一次循环"y velocity"变量的值就会增加 –2。在程序重复执行的过程中,y 坐标的变化会越来越快,而小猫的降落速度也会越来越快。

小贴士

点击绿旗图标之前,把小猫拖放到舞台的上方。当点击绿旗图标后,你会发现小猫开始降落。如果你想让小猫再重复一次的话,点击红色停止按钮,把小猫重新拖放到舞台上方,再次点击绿旗图标。记住保存你的程序。

2. 添加地平线代码

经过上面的设置,小猫可以下落了。但是我们想让小猫在碰到地面的时候能够停止下落。这时,就需要我们给小猫添加以下代码来实现这个功能,如下所示。

在这段代码中,我们可以把地平线的 y 坐标设置为 –130。如果小猫的 y 坐标大于(高于)地平线的值,那么"y velocity"变量就会被设置成 –2,小猫就开始降落。最终,小猫降落到 y 坐标超过 –130,它的 y 坐标将会小于(低于)–130 的地平线。当运行到这一步时,小猫会在 –130 的地平坐标线上被初始化,"y velocity"变量会回到 0 来停止小猫的继续降落。

小贴士

点击绿旗图标测试上面的代码。用鼠标把小猫拖到顶部，然后让小猫开始运动，切记要让小猫落到地上，但不能超过舞台的边缘。你可以试着将地平线的数值从 –130 改成其他数字并多测试几次。测试完毕后，点击红色停止按钮，并保存你的程序。

测试完程序之后，记得在橙色的【数据】分类中取消已勾选的"y velocity"变量旁边的复选框来隐藏"y velocity"变量。

3. 给小猫添加跳跃的代码

给小猫添加重力代码之后，小猫就会很容易跳起来。现在可以为小猫角色添加以下代码了。

当按下"上移键"时"y velocity"变量就会被设置成 20，小猫就能跳起来了。尽管首次运行的时候，小猫跳跃的数值为 20，但是，每运行一次循环，"y velocity"变量的值就会增加 –2，下一次循环，它的值就会变成 18，接着是 16，依次递减。注意"如果……那么……"代码块用于检查小猫是否在地面上。如果小猫在半空中的话，你是不可以让小猫跳起来的！

当"y velocity"变量被设置为 0 的时候，就意味着小猫跳到了最高处。每次循环，"y velocity"就会增加 –2，小猫就降落，直

到小猫落地。分别在脚本中用"**将 y velocity 设定为**"和"**将变量 y velocity 的值增加**"这两个代码块进行测试,在代码块中输入不同的数字值,感受一下怎样让小猫跳得更高或更低一点(但是小猫始终要在地面上)。另外,把重力值进行大小调整以感受一下降落的速度。

小贴士

点击绿旗图标测试上面的代码。按下上箭头键,确认小猫能进行跳跃和降落的动作。测试完毕后,点击红色停止按钮,并保存你的程序。

B 让小猫左右移动

接下来我们为小猫添加行走代码,让玩家能通过键盘对小猫进行控制。

4. 让小猫走起来

在小猫的代码最后添加以下代码。

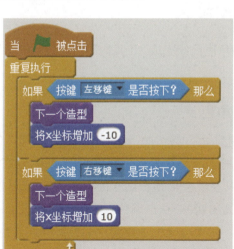

灌篮高手 **71**

在"**重复执行**"这个控制块里，程序会检查左箭头键或右箭头键是否被按下。如果其被按下，小猫会将外观变成"**下一个造型**"，并将 x 坐标增加 –10（向左移动）或者将 x 坐标增加 10（向右移动）。你可以通过点击功能块区上面的"**造型**"标签页，查看小猫的两个造型。利用"**下一个造型**"代码块，让小猫在两个造型之间不断切换，实现小猫正在移动的动画效果。

小贴士

点击绿旗图标测试以上代码。按下左右箭头键，确定小猫在正确的方向上移动。如果向左移动的时候小猫在倒着走的话，是没有问题的，这就是我们想要的效果。测试完毕后，点击红色停止按钮，并保存你的程序。

C 悬空的篮筐

现在，小猫角色已经完成。让我们制作本游戏中的另外一个角色：篮筐。

5. 创建篮筐角色

点击"**新建角色**"旁边的"**绘制新角色**"按钮，创建新的角色。但在你开始绘制之前，首先点击右下角的"**转换成矢量编辑模式**"按钮，绘图工具栏就会出现在画布的右边（矢量模式的好处在于可以让你使用各类形状）。点击调色板中的"**黄色**"，并用"**椭圆**"工具来绘制篮筐。你还可以用"**线宽调节器**"工具调整椭圆线条的粗细程度。特别要注意一点：画布的十字线需要调整到篮筐的正中心。

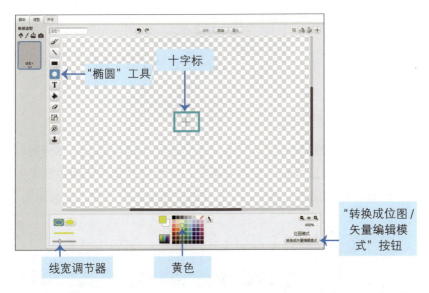

在角色的信息区域中将其重命名为"Hoop"(篮筐)。如果我们想让玩家在投球后发出"欢呼声"的话,就需要添加"欢呼声"的音频。点击代码模块库上方的**"声音"**标签页,然后点击"新建声音"下方的**"从声音库中选取声音"**按钮,在弹出的窗口中选择"cheer"(欢呼声)并点击**"确定"**按钮。

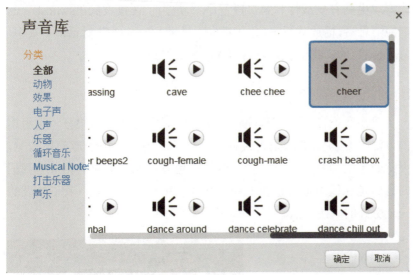

这时候,你要给篮筐添加的欢呼声就会作为选项出现在**"播放声音"**代码块中。

灌篮高手 **73**

添加以下代码到篮筐角色中，让它能够在舞台的上半部分随机移动。点击**"当接收到"**事件的黑色三角形并且选择新消息就能创建一个**新的广播消息**。然后，把新建的广播消息命名为"swoosh"。

❶ 当 被点击
重复执行
　在 1 秒内滑行到 x: 在 -240 到 240 间随机选一个数 y: 在 -50 到 180 间随机选一个数

❷ 当接收到 swoosh
播放声音 cheer
说 Swoosh! 2 秒

第一段程序 ❶ 的作用是让篮筐每隔 1 秒就会移动一个位置，这让游戏更具有挑战性！第二段程序 ❷ 是为了在接收到"swoosh"的广播消息后，播放欢呼声，并在舞台上显示"Swoosh!"对话框。其中，"swoosh"的广播消息是在篮球入筐后会发送的。

6. 创建命中对象

现在我们需要编写程序代码来判断玩家是否投篮得分，这里用的方法就是检测篮球是否接触到了篮筐。但是，由于篮筐比较宽，因此如果篮球只是接触了篮筐的外筐也有可能会被算为得分。我们的目标是让篮球通过篮筐的中心才算命中得分。因此，我们需要想一个更好的解决方法。

如果我们只是简单地检测一下篮球是否碰触到篮筐，这样篮球只要接触篮筐就得分，这并不是篮球正确的得分方式。

在本程序中，你可以通过创建一个【Hitbox】角色来实现这一需求。"Hitbox"是一个游戏设计术语，用来确定在矩形区域内两个游戏对象是否彼此碰撞。现在，通过点击"新建角色"旁边的**"绘制新角色"**按钮创建一个"Hitbox"角色。使用"矩形"工具并选择实心填充选项，在十字准线的中间绘制一个小黑色正方形。然后，重命名这个角色为"Hitbox"。"Hitbox"角色如下所示。

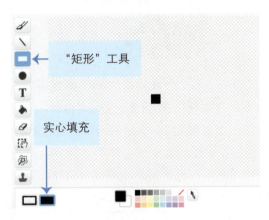

为"Hitbox"角色添加如下代码。

不管篮筐（Hoop）移动到什么位置，"Hitbox"都会紧随着它。在步骤9中，我们将编写一段代码，用来实现篮球是触碰"Hitbox"才计分而不是触碰篮筐计分的需求。这样，篮球只有非常接近篮筐中心区域才被算命中！

但是在篮筐中间有一个黑块看上去会有点怪，所以我们把"Hitbox"角色设置成不可见。通过添加**"将……特效设定为……"**外观代码块，把"Hitbox"的虚像特效设置为100就能实现以上功能。

"隐藏"代码块（属于外观模块）和**"将虚像特效设定为100"**代码块之间的不同之处在于：如果你选择了**"隐藏"**代码块让"Hitbox"角色不可见的话，那么"碰到"侦测代码块就永远无法侦测出球接触到"Hitbox"角色，于是玩家就一直都不会得分。而设置虚像为100的功能同样是让角色不可见，但是侦测模块仍能侦测到"Hitbox"。

小贴士

点击绿旗图标测试以上代码，确定篮筐在舞台中移动，并且矩形的"Hitbox"一直都在篮筐的中心位置。测试完毕后，点击红色停止按钮，并保存你的程序。

D 让小猫投篮

接下来，我们会添加一个篮球让小猫来投。和小猫一样，篮球也需要有重力代码来实现落地的动作。

7. 创建篮球

点击"新建角色"旁边的**"从角色库中选取角色"**按钮，打开角色库窗口，选择**"Basketball"**（篮球）并点击**"确定"**按钮。

接着，选择代码模块库上方的"**声音**"标签页，点击"新建声音"下方的"**从声音库中选取声音**"并打开声音库窗口，选择"pop"声音后点击"**确定**"按钮。选择代码模块库上方的"**脚本**"标签页回到脚本区。

现在让我们打开橙色的【数据】分类，接下来创建两个变量。点击"**新建变量**"按钮，将变量命名为"y velocity"，并确保选中了"**仅适用于当前角色**"后点击"**确定**"按钮。那么这两个变量只会作用于"Basketball"（篮球）角色。尽管"Basketball"角色和"Cat"角色都有"y velocity"变量，但是它们是不同的。

再次点击"**新建变量**"按钮，创建第二个变量并命名为"Player 1 Score"，但是这次要选中"**适用于所有角色**"（我们之所以要大写Player 1 Score，是因为它要显示在舞台中。不勾选"y velocity"前面的复选框就可以在舞台上把 y velocity 变量隐藏起来）。然后，新的变量块就会显示在橙色的【数据】分类中。

8. 给篮球添加代码

在完成添加声音和新建变量后，给篮球添加以下代码。

灌篮高手

此段代码 ❶ 可以确保玩家的起始分数为 0，并在此阶段（投篮之前）隐藏篮球。

此段代码 ❷ 和小猫的代码很相似。当玩家按下空格键时，篮球就会出现在小猫的面前并且开始（向前）移动。此段代码设置篮球和前面小猫跳跃时设置的 y velocity 一样，都为正数。这就是小猫投球的代码。

"重复执行直到 y 坐标 <–130" 代码块用来实现篮球落地的动作。当篮球落地后就会被隐藏起来，直到玩家再次按下空格键才会再次显示。

小贴士

点击绿旗图标测试以上代码，按下空格键来让小猫投篮。确保当篮球落地后就会被隐藏起来。测试完毕后，点击红色停止按钮，并保存你的程序。

9. 检测是否得分

接下来，我们需要添加代码来检测篮球是否触碰到"Hitbox"，也就是是否成功投篮。如果成功投篮的话，"Player 1 Score"变量值就会增加。但是，如果篮球是在上升的过程中触碰到了"Hitbox"，就不会计分。

需要记住的是，如果"y velocity"变量为正数时，**"将 y 坐标增加 y velocity"** 代码块将让篮球向上移动；如果 y velocity 为 0 时，篮球不会做任何移动；如果 y velocity 变量为负数时，篮球会落下。

所以，你需要为篮球添加**"如果……那么……"** 条件判断，如果篮球触碰到了"Hitbox"（使用侦测代码块——**"碰到 Hitbox？"**）并且具有落下的动作（以 **"y velocity <0"** 为条件判断），则分数增加。

与运算符包含了两个条件：当两个条件都为真的时候，Scratch 才可以运行"如果……那么……"条件控制内部的代码。如果只判断"碰到 Hitbox？"或者"y velocity<0"的话，则不足以判断投

篮是否成功。因此只有以上条件都为真,玩家才会得分,"Player 1 Score"变量才会增加1,而且"swoosh"消息才会被广播。

小贴士

　　点击绿旗图标测试以上代码。进行投篮活动,只有篮球在下降过程中接触到篮筐的中心部分,"Player 1 Score"才会增加1分。篮筐同时发出"swoosh"的声响并且播放欢呼声。测试完毕后,点击红色停止按钮,并保存你的程序。

10. 修正得分 bug

　　你有没有注意到一次投篮命中,"Player 1 Score"会出现增加不止1分的情况?这是一个【程序设计缺陷】(bug),它会使程序运行的时候发生不可预测的错误。所以,我们需要认真检查一下代码来看看为什么会发生这样的情况。

　　"重复执行直到" 循环块的作用是球到落地就结束循环,所有的代码都是为单次投篮而编写的,"Player 1 Score"的值只应该在首次触碰"Hitbox"时增加。而现在,**"重复执行直到"** 循环块会导致在一次投篮过程中多次判断篮球在下降过程中是否触碰 Hitbox。

　　因此,我们需要新建一个变量,用来追踪判断这次投篮,之前是否有得分的纪录,如果没有,才会得分。确保玩家每次投篮,得分次数只能有一次。

　　选择橙色的【数据】分类,点击**"新建变量"**,将变量命名为**"made basket"** 并选中**"仅适用于当前角色"**。稍后修改篮球(Basketball)角色的代码。

当玩家首次按下空格键时，"made basket"变量会被设置为"no"。这非常有必要，因为首次投篮的时候，玩家不可能得分。我们将在"如果……那么……"中添加新的判断条件，用来检查投篮是否成功。当以下3个条件都成立的时候，才会运行其中的代码。

（1）篮球触碰到了"Hitbox"。

（2）"y velocity"变量是一个负数（篮球在下降的过程中）。

（3）"made basket"变量被设置为"no"。

当篮球检测到一次投篮成功后，就会把"Player 1 Score"增加1分并且将"made basket"设置成"yes"。在随后的下降过程中，"made basket"变量依然是"yes"，所以投篮活动将不会被检测。等玩家再次按下空格键时，做出投篮动作，"made basket"变量才会被重置为"no"。

小贴士

点击绿旗图标测试以上代码,进行投篮,确保变量"Player 1 Score"在每次投篮过程中只会增长1分。测试完毕后,点击红色停止按钮,并保存你的程序。

完整的程序

下面是最终的代码。如果你的程序运行有错误的话,对照此代码进行检查。

Hitbox

```
当 🏁 被点击
将 虚像 ▾ 特效设定为 100
重复执行
    移到 Hoop ▾
```

Hoop

```
当 🏁 被点击
重复执行
    在 1 秒内滑行到 x: 在 -240 到 240 间随机选一个数 y: 在 -50 到 180 间随机选一个数

当接收到 swoosh ▾
播放声音 cheer ▾
说 Swoosh! 2 秒
```

Basketball

```
当 🏁 被点击
将 Player 1 Score ▾ 设定为 0
隐藏

当按下 空格键 ▾
将 made basket ▾ 设定为 0
播放声音 pop ▾
移到 Cat ▾
将 y velocity ▾ 设定为 24
显示
重复执行直到 y坐标 < -130
    将x坐标增加 8
    将y坐标增加 y velocity
    将变量 y velocity ▾ 的值增加 2
    向右旋转 ↻ 6 度
    如果 碰到 Hitbox ▾ ? 且 y velocity < 0 且 made basket = no 那么
        将变量 Player 1 Score ▾ 的值增加 1
        将 made basket ▾ 设定为 yes
        广播 swoosh ▾
隐藏
```

灌篮高手

2.0版本：双打模式

我们可以通过给《篮球》游戏添加第二个玩家来进行升级。因为第二个玩家的代码和第一个玩家的代码相同，所以整个过程是非常简单的。

复制小猫和篮球角色

在角色列表中右击"Cat"和"Basketball"角色，选择"**复制**"命令，这样列表中就出现了"Cat2"和"Basketball2"两个新角色。选中"Cat2"角色，点击代码模块库上方的"**造型**"标签页，使用"填充"工具把小猫填充成蓝色。然后点击位于画布右上角的"**左右翻转**"按钮，将第二个玩家调整成从另外一方投篮的造型。

修改"Cat2"代码

请将蓝色小猫的脚本按照下图进行修改,主要更改按键名称。

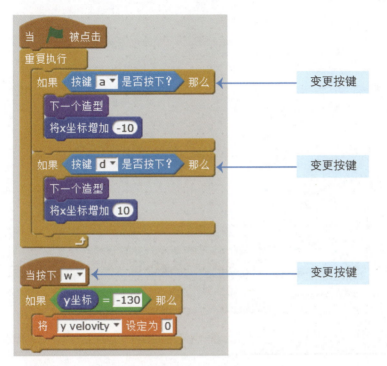

现在这个游戏可以支持两个玩家共用一个键盘,通过各自指定的按键控制两只小猫的移动。

修改"Basketball2"代码

第二个玩家需要设置新的变量来记分。在橙色的【数据】分类中,点击**"新建变量"**按钮,把变量命名为"Player 2 Score"并选择"适用于所有角色",按照下图所示对"Basketball2"的代码进行修改。

灌篮高手 **85**

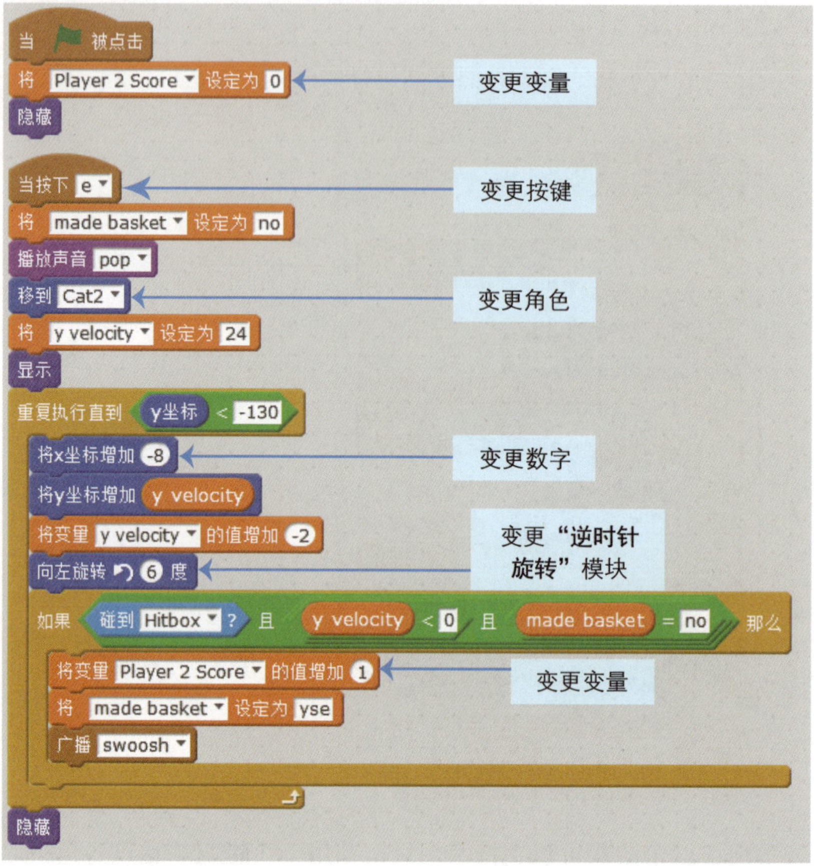

以上代码主要是实现让第二个玩家从右向左投篮并将"Player 2 Score"变量分配给第二个玩家的功能。你可以通过在橙色的【数据】分类下右击变量，选择"重命名变量"来给变量更改名称。

作弊模式：固定篮筐

一个移动的篮筐很难命中，让我们来添加一个作弊方法：当玩家按下数字 7 键的时候，篮筐就会在某个地方静止下来。

选择"Hoop"（篮筐）角色，点击**新建变量**按钮，创建"仅适用于当前角色"的变量，并将其命名为"freeze"，然后按照下图所示对篮筐角色进行代码的修改。

记得给 y 坐标使用新的"随机数"。

小贴士

点击绿旗图标测试以上代码,按下数字 7 键,确认篮筐停止滑行 6 秒。测试完毕后,点击红色停止按钮,并保存你的程序。

总结

在本章中,你完成的游戏包含如下要点:
- 具备重力效果和实际的下降效果。
- 以侧视效果展示代替了俯视效果。
- 使用变量来跟踪得分、下降速度和首次投篮得分。
- 运用"Hitbox"来检测投篮是否得分。

本章使用的重力功能非常简单。在第 9 章中,你会接触到使用更为复杂的跳跃和下降来创建一个更高级的游戏。如果要实现那样的效果,你就需要进行大量的 Scratch 编程练习。在第 5 章中,你将会学习如何大量使用克隆和复制功能来实现一个侧视效果的游戏。

灌篮高手 **87**

回顾思考

尝试着回答下面的问题，以检测一下自己所掌握的知识。也许有的问题你不知道答案，但是你可以探索Scratch编辑器来找到答案（也可以访问网址 http://www.nostarch.com/scratchplayground/ 寻找答案）。

1. 侧视效果的游戏（如《篮球》游戏）和俯视效果的游戏（如《迷宫跑者》游戏）有什么不同？
2. 一个变量能存储什么？
3. "仅适用于当前角色"和"适用于所有角色"之间的不同之处在哪里？
4. 如何让角色跳起来？
5. 在《篮球》游戏中，什么可以让它下降？
6. "滑行"代码块和"移到 x:() y:()"代码块的区别是什么？
7. 怎样实现当两个条件都为真的时候，"如果……那么……"代码块的运行？

第 5 章

破砖英雄

你玩过打砖块类游戏吗？玩家控制屏幕底部的球拍，反弹一个球来击破屏幕顶部的方块。如果球拍没有接到球，玩家就输了。但是这个游戏的程序却很简单，甚至有点无聊。本章将介绍一些添加动画和特效的技巧，这样游戏就能更加丰富多彩、更加有趣。

每一个基础版本的游戏都可以通过不断地修改或者美化等，从而成为一个看起来比较专业的游戏，然后尝试分享至 Scratch 网站上。相信你肯定会得到其他 Scratch 编程者的认可。

下面两张图片分别为改进之前和改进之后《打砖块》游戏的外观，很显然，改进之后的游戏外观会更加吸引人。

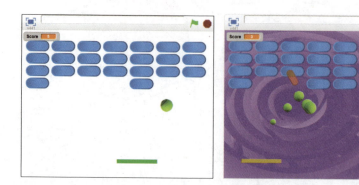

打开网址 https://www.nostarch.com/scratchplayground/，试玩《打砖块》游戏，思考你会如何编程去完成这个游戏。

设计游戏草图

首先我们来分析并画出整个游戏草图，如下图所示。

如果要节约时间，可以从资源 ZIP 文件中的框架文件（名为【brickbreaker-skeleton.sb2】）开始。打开网址 *https://www.nostarch.com/scratchplayground/*，右击链接，选择**"将链接另存为"**或**"将目标另存为"**，将 ZIP 文件下载到你的计算机，并从 ZIP 文件中解压所有文件。框架文件具有所有已经加载的角色，因此你只需要将代码块拖动到每个角色中。

A 制作一个可以左右移动的球拍

玩家利用鼠标控制球拍的左右移动，从而接住屏幕中的球，并让球反弹射向上方的砖块。如果球拍没有接住球，则游戏失败。

1. 创建球拍角色

在这个游戏中，我们不需要小猫角色，所以需要在角色列表中进行删除，右击橘色小猫，选择**"删除"**。然后点击"新建角色"旁边的**"绘制新角色"**按钮来绘制角色。当绘图编辑器出现时，使用"矩形"工具绘制一个宽的矩形。

破砖英雄

我做的球拍是绿色的,你可以选择其他颜色。需要注意的是,绘制的球拍越短则越难击中球。你可以根据游戏的难易程度,尝试绘制不同大小的球拍。点击球拍角色上方的 ⓘ 按钮,打开角色的信息区域,将其重命名为"球拍"(Paddle)。

接下来,请为球拍角色添加如下代码,让球拍可以跟随鼠标指针进行移动。

这样,球拍角色会一直跟随鼠标指针进行移动,但角色在舞台的高度位置始终保持在 y 坐标为 –140,因此,球拍只会左右移动。

拓展：旋转样式

角色在舞台中有方向改变时，设置旋转样式功能可以改变角色的外观。这3种旋转样式分别是，任意方向旋转（all around）、左右旋转（left-right），以及不旋转（don't rotate）。

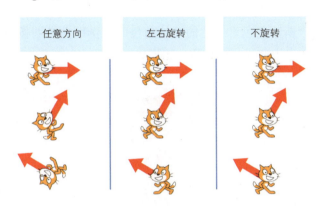

当一个角色被设置为任意方向旋转时，它的外观始终会面向其移动的方向。但是这不适用于侧视游戏（例如第4章中的《篮球》游戏），因为当它的方向朝左时，角色会上下颠倒。相反，对于这些游戏，你应该使用左右旋转。角色将只朝向90°（右）或 –90°（左）旋转，取最接近这个角色方向的那个。如果你不想让角色旋转，甚至不想让它的方向改变，那么你应该将旋转样式设置为"不旋转"。

因为我们改变了球拍角色的方向，所以我们还需要通过"**设置旋转样式**"代码块设置角色的旋转样式。球拍角色一直跟随着鼠标的方向移动，外观需要始终为水平状态，因此旋转样式设置为"不旋转"。

小贴士

点击绿旗图标测试以上代码。四处移动鼠标，观察球拍是否会跟随着鼠标移动的方向进行移动，并且在舞台的位置是否始终在底部同一个水平线。测试完毕后，点击红色停止按钮，并保存你的程序。

B 制作一个碰到边缘就反弹的球

在 Scratch 角色库里有一些和球相关的角色，在这个游戏中我们选取一个网球（Tennis Ball）角色。

2. 创建网球角色

点击"新建角色"旁边的**"从角色库中选取角色"**按钮，然后从角色库窗口中选择网球角色。添加如下代码。

游戏开始时，网球在舞台的初始位置为中心位置（0,0），然后设置网球的初始运动方向为斜向下朝向球拍。**"重复执行"**代码块的作用是让网球一直移动并且碰到边缘就反弹。

> **小贴士**
>
> 点击绿旗图标测试以上代码。观察网球角色是否会在舞台中向四周移动，并且碰到边缘就反弹。由于还没有关于碰到球拍也反弹的代码，因此这时的球拍是接不住网球的。测试完毕后，点击红色停止按钮，并保存你的程序。

C 让球碰到球拍就反弹

到目前为止，网球只是碰到边缘就反弹，但是球拍对于网球而言还没有任何作用。现在我们就改进网球的功能,让球碰到球拍也能够反弹。

3. 给网球角色添加反弹代码

要实现网球碰到球拍就反弹这一功能,你需要创建一个新的广播消息——"反弹"(bounce)。

脚本 ❶ 的广播消息是用来通知脚本 ❷ 的,当脚本 ❷ 接到"反弹"的消息时,就控制小球做出相应的动作——朝向新的方向进行移动。

脚本 ❷ 中"**面向(180-方向)方向**"的代码虽然看起来有点神秘,但是这个简单的方程只是为了计算出球基于当前方向需要反弹的新方向。如果球朝向右上方(45°),那么当它碰到舞台上方的砖块反

破砖英雄 **95**

弹时，它的新方向将是向右下方（135°，因为 180–45 = 135）。如果球朝向左上方（–45°），那么当它从砖的底部弹起时，其新方向将为左下方（225°，因为 180–(–45)=225）。

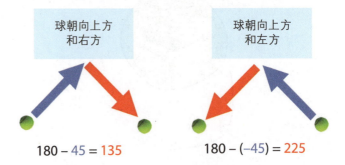

你会在下面将球碰到砖块就反弹的程序中再次使用这个广播消息。

小贴士

点击绿旗图标测试以上代码。观察网球是否会从球拍上反弹。测试完毕后，点击红色停止按钮，并保存你的程序。

拓展：克隆

"克隆自己"代码块的作用是让角色在舞台上自动复制出和自己一样的角色。如果你想让游戏中的角色能够创建出许多一样的副本，这个功能会非常方便。应用这种功能的场合比较常见，例如：游戏中看起来都一样的敌人；收集硬币游戏的硬币；在《打砖块》游戏中，我们需要打碎的砖块；等等。现在，我们研究一下克隆功能的原理。

打开"文件"菜单，创建一个新项目。将此代码添加到橘色小猫（Cat）角色中。

脚本 ❶ 使小猫在舞台上碰到边缘就反弹，这就类似于刚刚《打砖块》游戏中网球角色的功能。在脚本 ❷ 中，我们每隔 2 秒重复创建一个克隆体。在脚本 ❸ 中，"**当作为克隆体启动时**"代码块用来控制那些克隆角色的行为。思考一下，运行此代码后，会出现什么样的效果？动手试一下，看一下运行结果和你预想的是否一样。

小猫角色在舞台上移动，碰到边缘就反弹。每过 2 秒就会出现一个一模一样的克隆小猫，这只克隆小猫会在舞台上旋转。

D 创造砖块的克隆体

《打砖块》游戏自然会需要很多砖块，现在我们需要创建一个砖块角色，然后其他的砖块用**克隆功能**创建出来。

4. 添加砖块角色

点击"新建角色"旁边的"**从角色库中选取角色**"按钮，并从角色库窗口中选择"Button2"（按钮 2）角色。点击 ❶ 按钮打开角色的信息区域，将其重命名为"**砖块**"（Brick）角色。

选择橙色的【数据】分类并点击【新建变量】，将此变量命名为"**分数**"（Score），并将其设置为"**适用于所有角色**"。然后将以下代码添加到砖块角色中。

在游戏开始时,"分数"变量的值设置为 0,以便重置上一次的游戏进度。初始角色通过"**隐藏**"代码块来隐藏自己,将角色的大小设定为 50,并移动到窗口的左上角(−200,140)。利用"**显示**"代码块将要创建的克隆体显示在舞台上。

5. 克隆砖块角色

《打砖块》游戏会需要许多行的砖块,因此需要将初始的砖块角色移动到屏幕的顶部,然后创建出许多克隆体。将以下代码添加到砖块角色中。(注意不要混淆"将 x 坐标设定为"和"将 x 坐标增加"这两种代码块!)

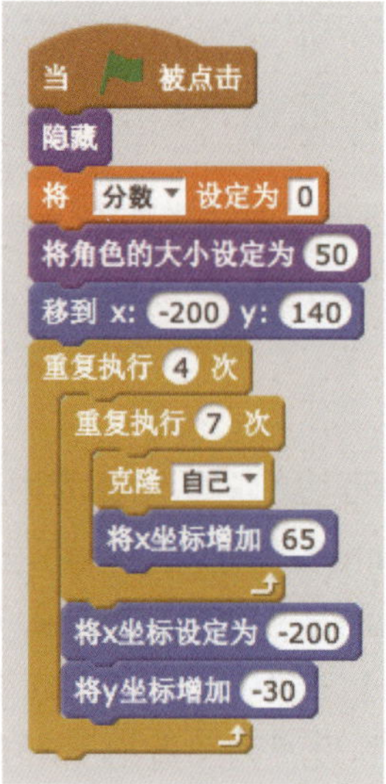

这些代码将会创建砖块角色在这个游戏中所需要的砖块的所有克隆体,如下图所示。

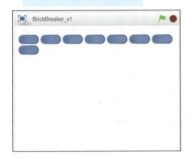
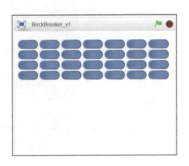

第 1 步：初始砖块角色移动到窗口的左上角（−200,140）；第 2 步：创建一个克隆砖块，并向右移动；第 3 步：**"重复执行 7 次"** 第 2 步创建克隆砖块的命令，从而创建出一行 7 个克隆砖块。第 4 步：**"重复执行 4 次"** 第 3 步创建一行克隆砖块的命令。7 个克隆砖块乘以 4 行产生 28 个克隆砖块。上图中的第 29 个砖块是初始砖块角色，它不是克隆砖块，需要隐藏它。

当所有的克隆砖块完成创建时，原始的被克隆砖块就需要隐藏起来。由于舞台上所有的砖块都是克隆砖块，因此现在不需要为这个原始砖块复制**"当作为克隆体启动时"**以下的这段代码。

想象一下，如果你刚刚复制了角色而非克隆，想要更改代码，则必须更改所有

破砖英雄　**99**

28个砖块角色，由此可见，克隆可以节省大量的时间！

E 让球从砖块上反弹

到目前为止，网球角色可以碰到边缘和球拍就反弹，现在我们需要让它碰到克隆砖块就反弹。

6. 将反弹代码添加到砖块角色中

按照下图修改砖块角色的代码。

当网球角色击中一个砖块角色时，砖块角色广播"反弹"消息，这时，网球会和之前接收球拍"反弹"消息一样，触发反弹的动作。然后让玩家的分数增加1，并删除该克隆砖块。

小贴士

　　点击绿旗图标测试以上代码。观察舞台上方是否填满了克隆砖块，以及当网球碰到砖块时，是否会反弹，克隆砖块是否会消失。测试完毕后，点击红色停止按钮，并保存你的程序。

F 制作"You win!"和"GAME OVER"字样提示

在这个游戏中,还需要再添加两个角色——"You win!"(你赢了!)和"Game Over"(游戏结束),这是运用绘图编辑器的"文字"工具创建的,只有游戏结束时才展示出来。当玩家打破所有的克隆砖块时,游戏会显示"You win!"(你赢了!);当网球错过了球拍,也就是球拍没有接住网球时,游戏会显示出"GAME OVER"(游戏结束)。

7. 修改网球角色的代码

当网球越过球拍时,就意味着网球角色的 y 坐标位置在小于"-140"时游戏结束。一旦游戏结束,网球角色应该广播一个"游戏结束"的消息。将以下代码添加到网球角色中。

"游戏结束"的广播消息会触发"Game Over"(游戏结束)角色的出现,现在就来创建游戏结束角色。

8. 创建游戏结束角色

点击"新建角色"旁边的**"绘制新角色"**按钮。当绘图编辑器出现时,使用"文字"工具书写红色字样的"GAME OVER"。

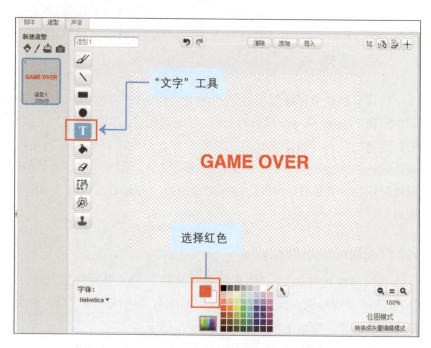

点击❶按钮打开角色的信息区域,将这个角色重命名为"Game Over",然后向"Game Over"(游戏结束)角色添加如下代码。

这个角色初始是隐藏的,如果收到了"游戏结束"的广播消息,就会显现出来。接下来**停止全部**代码块就会停止所有的角色运行。

小贴士

点击绿旗图标测试以上代码。让网球落在球拍之外,也就是测试球拍错过网球的情况,观察"Game Over"角色是否出现在舞台上,然后游戏停止。点击红色停止按钮,并保存你的程序。

9. 创建"You win!"角色

点击"新建角色"旁边的**"绘制新角色"**按钮。当绘图编辑器出现时,使用"文字"工具书写绿色字样——"You win!"(你赢了!)

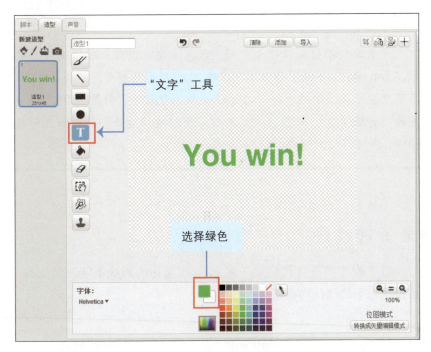

点击 ⓘ 按钮打开角色的信息区域,将这个角色重命名为"You win!"(你赢了!),然后向"You win!"角色添加如下代码。

和"GAME OVER"字样一样,除非条件满足,否则"You win!"字样是不会显示的。在这个游戏中,玩家需要打破所有 28 个

砖块才能获胜，因此这个获胜条件是"**分数 = 28**"。在"You win！"角色显示后，"**停止全部**"代码块会停止其他角色的运行。

小贴士

点击绿旗图标测试以上代码。注意观察，当你打破所有砖块之后，"You win！"字样是否会出现在舞台上，随后观察程序是否会停止。为了更快地赢得游戏，可以在测试阶段，暂时将"**分数 = 28**"条件改为"**分数 = 1**"，这样只需要打破一个砖块就能赢。点击红色停止按钮，并保存你的程序。

完整的程序

整个程序的最终代码如下所示。如果你的游戏不能正常工作，请根据以下这些代码检查你的代码。

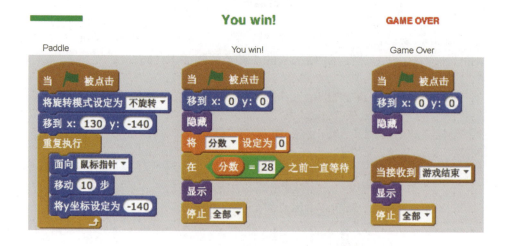

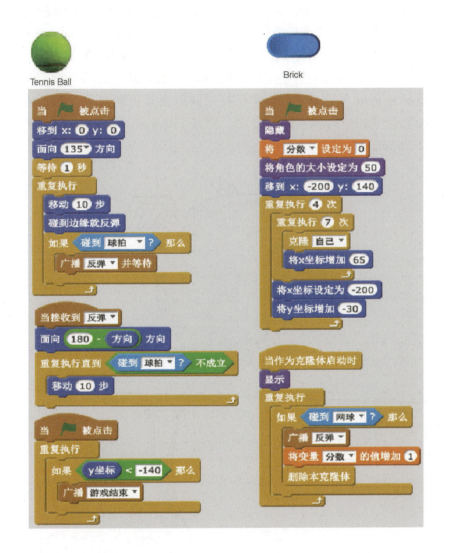

2.0版本：美化时间

到目前为止，游戏的基本功能已经实现，但是游戏界面需要进一步美化，这样才能更加吸引人的眼球。在《打砖块》游戏中，许多美化功能的灵感都来自由 Martin Jonasson 和 Petri Purho 开发的游戏 *Juice It or Lose It!*。在北欧游戏开发颁奖晚会上展示了这款游戏的精彩之处。游戏设计中提到的【修饰(Juice)】一词，具有【美化(polish)】的意思，要求我们开发游戏时，也要学会如何修改或者使用一些小

破砖英雄　**105**

技巧，让游戏变得更加生动灵活。这样不仅会引起他人对这款游戏的兴趣，还会使其看起来更加专业。打开网址 *https://www.nostarch.com/scratchplayground/*，看其他人是如何完善《打砖块》游戏的。

下面要介绍的美化界面技巧虽然以《打砖块》游戏为例，但是你还可以举一反三，将美化技巧应用到其他游戏中。在开始编程之前请查看完整的程序，网址为 *https://www.nostarch.com/scratchplayground/*。

绘制一个炫酷的背景

设置炫酷的游戏背景是专业游戏必不可少的步骤。下面按照具体操作步骤，制作一个有趣生动的背景。

(1) 点击角色列表旁边的"舞台"，然后点击代码模块库上方的**"背景"**标签页。

(2) 在绘图编辑器中，在调色板中点击浅紫色，然后点击"颜色切换器"，再点击深紫色。

(3) 接下来，使用"填充"工具，选择一种渐变设置，在画板上随机点击，你就会发现一个有趣的背景就这样绘制出来了。如下图所示。

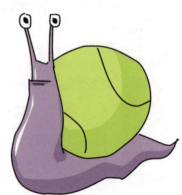

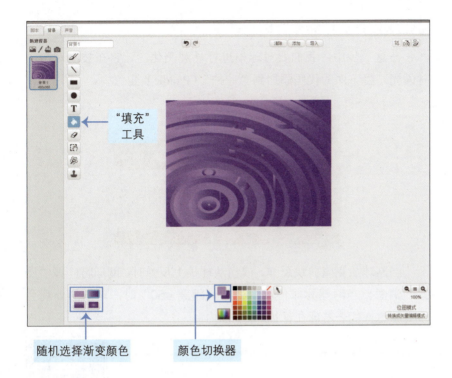

添加音乐

在游戏中添加一些适宜的音乐会活跃气氛，玩家对于游戏的体验感也会更好。请按照如下操作在游戏中添加声音。选中"舞台"，点击代码模块库上方的**"声音"**标签页。点击"新建声音"下方的**"从声音库中选取声音"**按钮（该按钮看起来像一个扬声器）。当声音库窗口出现时，选择"舞蹈庆祝"声音，然后点击**"确定"**按钮。

之后点击**"脚本"**标签页，并将此代码添加到"舞台"的脚本区域，以给游戏添加背景声音。

球拍被网球击中时会有闪光效果

在这一步中,我们要对球拍进行外观美化,让它在被网球击中时闪光。将下面的代码添加到"球拍"(Paddle)角色中。

```
当接收到 反弹
如果 到 网球 的距离 < 60 那么
    重复执行 10 次
        将 颜色 特效增加 25
```

当网球从克隆砖块反弹,或当从球拍上反弹时,网球将广播"反弹"消息。当网球与球拍反弹处的"**距离<60**"时,球拍的外观会改变颜色(代表着球在球拍 60 步以内)。

小贴士

点击绿旗图标测试以上代码。观察网球弹起时,球拍是否会闪烁不同的颜色。然后,点击红色停止按钮,并保存你的程序。

添加生动的砖块出场特效和击中后的砖块消失特效

现在,游戏的载入方式比较枯燥,砖块的出现没有任何的动画效果。在此,需要修改"砖块"(Brick)角色的脚本,为游戏砖块的出场添加特效。

　　将"虚像特效"设置为"100",然后逐渐减少效果值,可以让克隆砖块逐渐显示到舞台中,而不是立即出现。该代码还设置了克隆砖块在舞台上显示的最终位置前10步时,通过"重复执行"代码块演示出砖块缓慢上升的效果——也就是重复执行10次,y坐标减1。最终克隆砖块的出场特效如下:出场是虚像特效,然后逐渐清晰地出现在舞台上,在这个过程中砖块缓缓地滑入舞台上方。

小贴士

　　点击绿旗图标测试以上代码。观察克隆砖块是否逐渐清晰地出现在舞台上,而不是立即出现。然后,点击红色停止按钮,并保存你的程序。

破砖英雄　**109**

下面我们来制作那些击中的克隆砖块消失的动画效果。按照下图修改"砖块"（Brick）角色的脚本，让砖块可以逐渐消失在舞台上，而不是立即消失。

```
当作为克隆体启动时
将y坐标增加 -10
将 虚像 特效设定为 100
显示
重复执行 10 次
    将y坐标增加 -1
    将 虚像 特效增加 -10
    等待 0.01 秒
重复执行
    如果 碰到 网球 ? 那么
        广播 反弹
        将变量 分数 的值增加 1
        重复执行 10 次
            将 颜色 特效增加 25
            将 虚像 特效增加 5
            将角色的大小增加 -4
            将y坐标增加 4
            向右旋转 15 度
        删除本克隆体
```

这样编写脚本，可以让克隆砖块的消失方式变得比较有趣。在"**重复执行**"代码块中，执行"**将颜色特效增加 25**"和"**将虚像特效增加 5**"的命令。这样编写脚本的作用是让克隆砖块在退出的时候闪烁不同的颜色，而且还具备虚像特效，以便让它们变得越来越透明。"**将角色的大小增加 –4**"代码块的作用是让克隆砖块逐渐收缩；"**将 y 坐标增加 4**"代码块的作用是让砖块逐渐升高；"**向右旋转 15 度**"代码块会让它们退出的时候进行旋转。这个退出动画效果很短，但看起来很有趣。

小贴士

点击绿旗图标测试以上代码。让网球击中砖块,观察击中的砖块是否会向上旋转,并且在移动旋转的过程中是逐渐淡出舞台,而不是立即消失的。然后,点击红色停止按钮,并保存你的程序。

给击中的砖块添加退出的声音特效

克隆砖块消失的时候,最好还可以播放不同的声音。在角色列表中选择"砖块"(Brick)角色,然后点击代码模块库上方的**"声音"**标签页。点击"新建声音"下方的**"从声音库中选取声音"**按钮,之后从声音库中选择"激光 1"。重复此步骤添加"激光 2"的效果。

修改"砖块"角色代码与下列代码一致。

破砖英雄　　**111**

完成以上代码之后，击中的克隆砖块在消失时会随机选择播放声音。"如果……那么……否则……"代码块的作用是让游戏随机选择播放"激光1"声音还是"激光2"声音，这可以让游戏的声音有一些变化，并会更加有趣。

给网球添加声音效果

当网球击中球拍时，我们也可以添加声音效果。每个角色有一个默认加载的声音效果——"pop"，按照下图脚本，将声音添加到"网球"角色脚本中。

在网球后面添加运动轨迹

网球在舞台上四处移动时，还可以为网球添加一条像彗星尾巴一样的运动轨迹。做出这样的特效，需要克隆功能。但是要注意的是，你不能利用现有的网球角色进行克隆，因为这个网球角色反弹时，会广播"反弹"消息。因此，需要新建一个网球角色——"网球2"。请点击"新建角色"旁边的**从角色库中选取角色**按钮。之后从角色库窗口中选择**网球**。利用这个新建的网球进行克隆，之后制作可以显示运动轨迹的动画效果。注意的是，"网球2"的克隆体，是没有**当作为克隆体启动时**代码块的。按照下图，将此代码添加到"网球2"角色中。

克隆出来的网球需要移动到当前的"网球"角色的位置。网球一直四处移动,克隆的网球会停留在原地,慢慢收缩并逐渐透明。这个效果结束后,再删除这个克隆网球。

别忘了,"网球"角色还需要按照下图进行代码更新。

这个脚本的作用就是每隔 0.1 秒就克隆出一个"网球 2"。完成以上脚本的编写,就能制作出网球在舞台上留有运动轨迹的动画特效。

小贴士

点击绿旗图标测试以上代码。观察"网球 2"的克隆体是否会跟随"网球"角色,并逐渐变得缩小、透明。然后,点击红色停止按钮,并保存你的程序。

为游戏结束角色添加一个出场特效

当玩家输了时,"GAME OVER"(游戏结束)字样就会出现,出场的方式可以仿照砖块的出场特效,添加一下动画效果。首先在"声音"标签页中点击"**从声音库中选取声音**"按钮,加载"锣鼓"声音。创建一个新的广播消息,名为"游戏结束",用来通知球拍和网球停止移动。

按照下图,修改"Game Over"(游戏结束)角色的脚本代码。

在游戏开始时,"Game Over"角色隐藏着,并且其虚像特效设置为100。当接收到"游戏结束"消息时,虽然"**显示**"代码块运行,但是此时"GAME OVER"字样仍然完全不可见。在"**重复执行10次**"代码块中,执行"**将虚像特效增加 –10**"命令,这样"**GAME OVER**"文本会逐渐清晰地出现在舞台上。"**向右旋转15度**"和"**将角色的大小增加12**"代码块的作用是旋转并放大文本。暂停4秒后,"**停止全部**"代码块结束这个程序。

网球和球拍角色还需要处理"停止游戏"的广播消息,请向这两个角色添加以下代码。

在这里需要使用"**停止角色的其他脚本**"代码块,而不是"**停止全部**"的原因是,此时程序仍需要继续运行,用来播放"GAME OVER"出场的动画。"**停止角色的其他脚本**"代码块只是停止网球和球拍角色的移动,程序中的其他角色还继续运行。当"GAME OVER"字样出现在屏幕上时,完成动画效果,"**停止全部**"代码块将会结束整个程序。

> **小贴士**
>
> 点击绿旗图标测试以上代码。尝试游戏失败，观察"GAME OVER"字样出场是否具备动画特效，而不是立即出现在屏幕上。然后，点击红色停止按钮，并保存你的程序。

为"You win!"角色添加进入动画

"You win!"角色同样需要添加一个出场动画特效。点击"声音"标签页中的"从声音库中选取声音"按钮，为该角色加载名为"锣鼓"的声音效果。按照下图修改角色脚本代码。

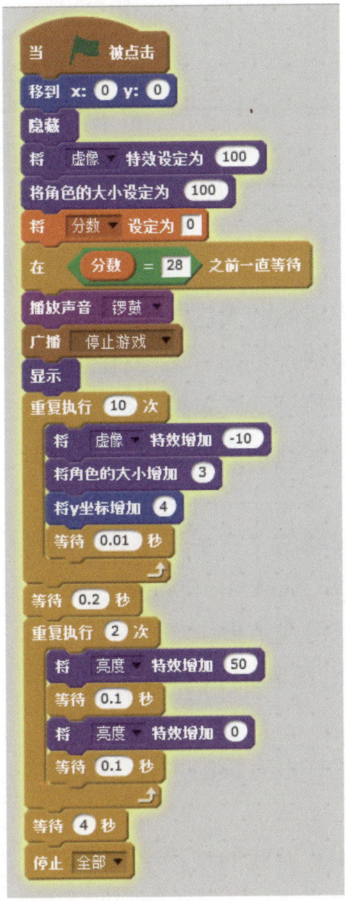

分析这段脚本，这里编写了两组动画。一个在"重复执行10次"的代码块中，另一个在"重复执行2次"的代码块中。"重复执行10次"代码块中的命令，是为了让"You Win!"角色逐渐清晰直到可见，并将其放大，向上移动。这个短动画播放之后，在"重复执行2次"的代码块中，将执行角色的亮度增加到50，等待0.1秒，然后将颜色值设定为0的命令会让角色出现闪烁的效果。暂停4秒后，"停止全部"代码块结束这个程序。

小贴士

点击绿旗图标测试以上代码。试玩游戏，直至胜利，观察游戏胜利时，"You Win!"字样是否会以上述的动画效果出现在舞台上。为了能更快地赢得游戏，可暂时将赢得游戏的条件设定为"分数=1"。这样只需要打破一个砖块就能赢。然后，点击红色停止按钮，并保存你的程序。

总结

在本章中，你完成的游戏包含如下要点：

▶ 运用克隆功能快速创建许多一样的砖块和网球的运动轨迹动画效果。

▶ 用鼠标而不是键盘的方向键来控制球拍角色的移动。

▶ 使用绘图编辑器的"文字"工具，创建"You win!"和"GAME OVER"字样，用来提示玩家游戏结果。

▶ 各个角色的出场和退出都具备动画特效。

▶ 游戏中增加了许多有趣的声音，用来渲染气氛。

在制作《打砖块》游戏的过程中，你可以

掌握如何添加一些闪光、旋转等动画特效。希望你将这些技巧运用到其他的游戏项目中，让整个游戏看起来更加精彩有趣。别忘了，要在保证基础版本的游戏能够正常运行的前提下，再去添加这些动画特效。

本章介绍了比较实用的技术——克隆，这在第 6 章的《贪吃蛇》游戏中会继续使用。虽然《贪吃蛇》游戏会更加复杂，但是不要担心，你只需遵循书中的步骤，一步一步地去做就可以了！

回顾思考

尝试着回答下面的问题，以检测一下自己所掌握的知识。也许有的问题你不知道答案，但是你可以探索 Scratch 编辑器来找到答案。（也可以访问网址 *http://www.nostarch.com/scratchplayground/* 寻找答案）。

1. 如何判断网球角色已经越过了球拍角色？
2. 哪个代码块可用来创建角色的克隆体？
3. 哪个代码块可以让克隆体执行动作？
4. 3 种旋转方式是什么？
5. 在你点击绿旗图标以后，为什么"You win!"和"Game Over"角色会隐藏？
6. "在……之前一直等待"代码块有什么作用？

第 6 章
贪吃蛇

　　《贪吃蛇》游戏，又被称为《贪吃吃吃吃吃吃蛇》游戏。本章重现了一款经典游戏，大家以前可能在手机或者个人计算机上玩过这个游戏。或许你接触过与之类似的游戏，比如 Nibbles 或 Worm。在这个游戏里，你只要通过方向键控制不断移动的蛇，奔向在屏幕上出现的那些苹果就好了。

在《贪吃蛇》游戏中，蛇吃到的苹果越多，它的身体就会变得越长，因此也更难保证它不会撞到自己的身体或者舞台的边缘。假如你在游戏中无法让蛇慢下来，导致它撞到自己或舞台边缘，那么这个游戏就结束了。

开始编程之前，你可以打开链接，看一下这个游戏的最终效果：*https://www.nostarch.com/ scratchplayground/*。

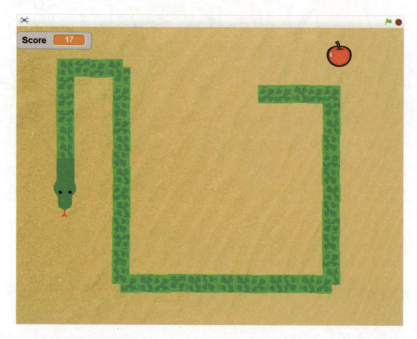

尽管这条蛇会变得相当长，但你还是要想办法把它框在舞台中，因为蛇可是没有脚的！（我可不会为了前文中调侃了贪吃蛇而道歉；我猜它们已经蠢蠢欲动了。）

设计游戏草图

我们先来分析并画出草图，设计一下这个游戏。

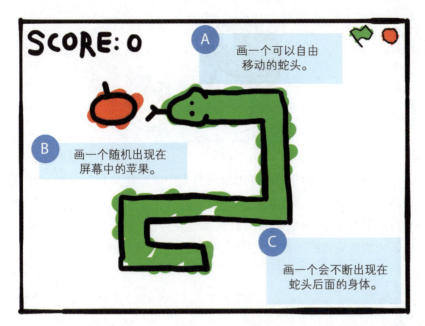

如果你想要节省时间，则可在本书提供的框架文件的基础上进行创作。框架文件在资源压缩包文件中，名称为【snake-skeleton.sb2】。打开网址 *https://www.nostarch.com/scratchplayground/*，找到指定的文件，右击链接并选择**"将链接另存为"**或**"将目标另存为"**，将压缩文件下载到你的计算机里。从压缩文件中提取所有的资源。框架文件里面包含了所有需要的角色，因此你只需要将脚本拖动到每个角色中就可以了。

A 画一个可以自由移动的蛇头

首先，创建一个蛇头，玩家利用键盘来控制蛇头的移动。键盘上的方向键会改变蛇头的方向，但要保证蛇头总向前移动。稍后再去编辑蛇的身体。

1. 创建头部角色

首先，我们设计一个有趣的舞台背景。点击角色列表中左边的"舞台"，然后点击代码模块库上方的**"背景"**标签页。点击**"新建背景"**下的**"从本地文件中上传背景"**按钮，之后从下载的资源压缩包中选择【sand.jpg】。

接下来,画蛇的头。点击角色列表中"新建角色"旁的**"绘制新角色"**按钮,在画板上画一个面向右边的蛇头,如下图所示(由于所有的 Scratch 角色开始的时候都是面向 90°的,即右边,因此你应该画的蛇头向右。绘制完毕后,给这个角色命名为"Head")。

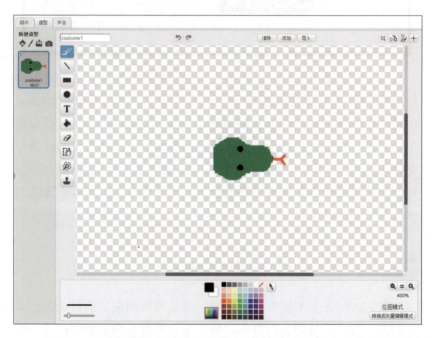

使用 Scratch 编辑器顶部的"缩小"工具或"放大"工具来缩小或放大"Head"(头部)角色。"Head"角色应该类似于图中所示的大小。

按照下图为"Head"角色添加脚本代码。

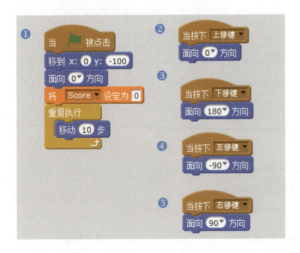

脚本 ❶ 为了设置蛇头的起始位置和起始方向（0°或者垂直方向）。新建变量，名为"Score"（分数），设置该变量为"适用于所有角色"，将玩家的初始分数设置为0。与之前的项目一样，通过点击橙色【数据】分类的**"新建变量"**按钮来创建变量。因为我们希望蛇不停地移动，所以要在**"重复执行"**代码块中执行**"移动 10 步"**命令。

脚本 ❷、❸、❹ 和 ❺ 都是极为简短的脚本，是玩家用来控制角色方向的：注意其要与上、下、左、右键一一对应。

贪吃蛇 **123**

小贴士

　　点击绿旗图标测试以上代码。观察箭头键是否能够准确地指挥蛇头面向所有的 4 个方向：上、下、左、右。测试完毕后，点击红色停止按钮，并保存你的程序。

拓展："当按下 xxx 键" vs "按键 xxx 是否按下？"

　　在这个【贪吃蛇】程序中，"当按下 xxx 键"代码块是指当这个键被按下一次时，角色就跟随着按键移动一次。

　　而在第 3 章《迷宫跑者》游戏的"如果……那么……"代码块中嵌入了"**按键 xxx 是否按下？**"的侦测指令，然后整体嵌套进一个"**重复执行**"的代码块中。使用这段代码的意义就是，"如果这个键被按下并保持按住的状态，那么角色将一直执行该脚本"。

贪吃蛇脚本

迷宫脚本

　　对于这两种编程的方法，玩家的控制方式是不一样的。因此，一定要进行区分，以选择一个适合的游戏控制方式来进行编程。因为贪吃蛇始终是保持移动的，所以玩家只需要按一次键来改变蛇的方向即可，这就是在《贪吃蛇》游戏中选择使用"**当按下 xxx 键**"代码块的原因。

B 画一个随机出现在屏幕中的苹果

这一部分的脚本是要完成苹果在蛇的四周随机出现。现在在游戏中添加苹果并尝试让蛇吃掉它。

2. 添加苹果角色的脚本

点击角色列表中"新建角色"旁边的**"从角色库中选取角色"**按钮，从角色库中选择"Apple"（苹果）角色。添加下面的脚本。

此脚本表示，当蛇头碰到苹果角色时，苹果就消失，随后将出现在舞台上的其他位置。而这个新位置是像扔骰子一样随机出现的。每当"Head"（头部）角色接触到苹果角色时，"Score"变量值就加1，表示分数加1。

> **小贴士**
>
> 点击绿旗图标测试以上代码。将蛇移动到可以吃苹果的位置。当蛇头碰到苹果时，观察苹果是否会消失并随机移到其他位置，然后再出现在舞台上。每次蛇头碰到苹果时，"Score"（分数）变量会增加1。测试完毕后，点击红色停止按钮，并保存你的程序。

C 画一个会不断出现在蛇头后面的身体

接下来我们添加蛇的身体，让它每吃到一个苹果就能使身体增长一部分。

3. 创建身体角色

点击"新建角色"旁边的**"绘制新角色"**按钮以创建新角色。使用与蛇的头部相同的颜色绘制一个小正方形。确保造型中心位于正方形的中间,方法是点击绘图编辑器右上角的**"设置造型中心"**按钮,然后点击正方形的中心位置。

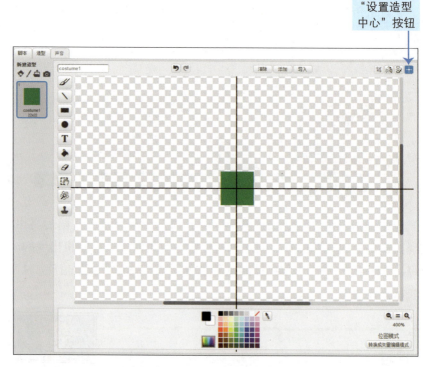

"设置造型中心"按钮

点击角色前的 ⓘ 按钮打开角色的信息区域,并给这个身体角色重命名为"Body"(身体)。

4. 绘制身体角色的第二个造型

"Body"(身体)角色的第二个造型还是在绘图编辑器中完成的,在"Body"角色的造型 1(costume1)上右击鼠标,在弹出的快捷菜单中选择**"复制"**。使用"填充"工具,将正方形的颜色换一下,比如说换为浅绿色(我的程序设计了深绿色的蛇头,并以较浅的绿色作为蛇身的第二个造型)。之后会用浅绿的颜色来检测蛇头是否

碰到它自己的身体。你也可以在这个颜色上添加一些图案。

如果你愿意，也可以给蛇的身体绘制新衣服。我推荐你给它系上一个领结，也可以用羽毛装饰，或者画一些类似于"耐克"标志的花纹。当然，也可以让它就这么光溜溜的。

对于蛇的身体要注意其造型是正方形的，并且造型 2 运用的颜色，与造型 1 和 Head（头部）运用的颜色不相同。

5. 添加身体角色的脚本

点击**"脚本"**标签页，并将下图中所示的脚本添加到"Body"（身体）角色中。要实现的是"Body"角色能始终跟随着"Head"（头部）角色，并能够不断地克隆出自己的身体。

贪吃蛇　**127**

脚本 ❶ 的作用是当绿旗被点击时，"Body"（身体）角色切换到 costume1。当"Head"（头部）角色在舞台移动时，身体就紧随其后并克隆自己，在舞台上留下移动的轨迹。

　　脚本 ❷ 的作用是"Body"（身体）第一次创建克隆体时，随机面向一个方向。这个方向值选取的是"随机选择 0 到 3 中的某个数 ×90"度，使克隆出的身体面向随机的 0°、90°、180° 和 270°，这样能使旋转过程中蛇一节一节的身体看起来有些变化。

　　克隆体最终需要从舞台上删除自己，这样蛇才不会越变越长。因此每个克隆体都不能在舞台上待太久，我们将这个等待时间设定为"**等待 Score/5 秒**"后删除本克隆体。因为每个克隆体都在等待这个时间量，所以第一个克隆体将第一个被删除，依此类推。

　　之前编写的脚本是"吃苹果增加 Score 变量"。因此随着"Score"变量的增加，"Body"克隆体在删除自身之前等待的时间量也随之增加。这更长的等待使蛇看起来更长，因为更多的身体克隆体将停留在舞台上。所以蛇吃的苹果越多，身体就越长。

　　举例来说，当"Score"变量的初始值为 0 时，则等待时间为 0/5 秒也就是 0 秒。当"Score"变量值为 1 时，等待时间为 1/5 秒即 0.2 秒。当"Score"变量值为 2 时，等待时间为 2/5 秒即 0.4 秒。"Score"变量每增加一个分值，就等于克隆体额外增加了 0.2 秒的等待时间，这就使得蛇渐渐变长。而随着蛇变得越来越长，这个游戏的难度也就越来越大了！

小贴士

　　点击绿旗图标测试以上代码。观察蛇吃更多的苹果时，身体的克隆体是否会在蛇头后面形成越来越长的行动轨迹。测试完毕后，点击红色停止按钮，并保存你的程序。

6. 检测蛇头是否撞到自己或舞台边缘

当蛇碰撞到它本身或舞台的边缘时，我们想要运行的指令是，当"Head"角色接收到"game over"的广播指令时，就说"Ouch!"（哎哟！）2秒，然后停止整个脚本的运行。两种撞击情况写的脚本相同，因此可以把两种撞击情况放进一个脚本，并发出同样的"game over"的广播指令。而当角色接收到任意一个"game over"的广播指令时，都会执行同样的游戏结束的脚本。如果你想更改脚本，只需在**当接收到 game over**开头的这段代码中更改就可以了。

赶快给你的"Head"角色添加以下脚本吧！

第一个"**如果…那么……**"语句，测试条件是"当蛇触碰到自己身体的颜色"，所以确保用的是"Body"角色"costume2"中的颜色作为此条件。第二个"**如果……那么……**"语句中的"碰到边缘？"侦测指令用于测试蛇头是否触碰到了舞台的水平和垂直边界。当蛇碰到它们时，"game over"的指令将被广播出去。我们希望玩家能够自如控制，避免碰撞导致游戏结束；不然你瞧，那蛇又要嘶嘶作响了！

你注意到了在"Body"角色的脚本中有**"等待 0.01 秒"**代码块吗?这就是为了让克隆的身体在切换下一造型之前先等待一会儿。

再来看一下这个"Body"角色的脚本。

添加了一个短暂的停顿。

"Head"角色之所以用"Body"角色造型 2 的浅绿色来检测蛇是否已经触碰到自己了,是因为"Body"的克隆体在创建时,已经与"Head"角色在相同的地方了,也就是说它第一次出现就已经触碰到"Head"角色了。这也就是我们在创建克隆体时要设置短时暂停碰撞检测的原因。如果没有这个暂停设置,"Head"角色会认为它已经碰撞到刚刚创建的"Body"克隆体了,因为它已经触碰到浅绿色了。

小贴士

点击绿旗图标测试以上代码。让蛇撞到舞台边缘或蛇的身体,从而来确认碰撞侦测指令是否能够正常运行。如果蛇出现了在没有触碰到任何边缘或自己身体的情况下,脚本却停止运行了,那你要尝试增加"Body"角色在触碰到"Head"角色后的等待时间。这里可以增加到 0.02 秒或更多。同时也要确保蛇在没有撞到任何其他东西的情况下,不会自行停止脚本。测试完毕后,点击红色停止按钮,并保存你的程序。

最终脚本

整个游戏的最终脚本如下图所示。如果你的游戏无法正常运行，请根据此脚本进行检查。

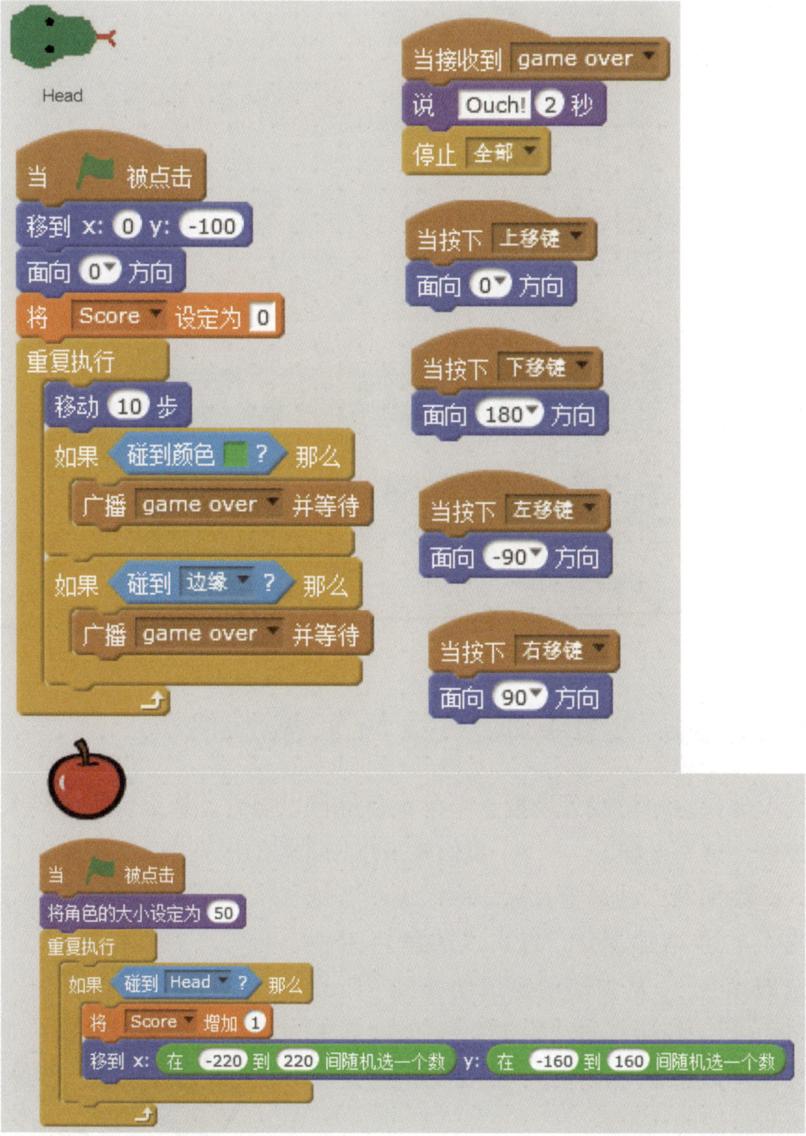

Scratch 2.0版本：添加水果加分项

如果这个游戏只设置一个苹果目标可以得分，那么玩不了多久你就会感到无聊了。所以，我们就来添加其他的水果作为加分项吧！

添加第二种得分目标——水果，当蛇吃了它会增加3分。点击"**从角色库中选取角色**"，从弹出的窗口中找到"Fruit Platter"，然后点击"**确定**"按钮。（或者你也可以选择一种甜点，如果你的蛇是一个甜食派的话！）

给新角色添加以下脚本。

这个"Fruit Platter"(水果拼盘)的脚本和 Apple(苹果)角色的脚本大致相同,差别在于,"Fruit Platter"被蛇头触碰到后会立刻消失并停顿 10 秒,然后再次随机出现在舞台的其他位置。多了这些"Fruit Platter"加分项,蛇的分数就真的多起来了!

小贴士

点击绿旗图标测试以上代码。程序启动 10 秒后,"Fruit Platter"(水果拼盘)角色应该出现在舞台上。当蛇头触碰到水果拼盘时,确保"Score"变量值增加 3,然后"Fruit Platter"角色消失。测试完毕后,点击红色停止按钮,并保存你的程序。

"作弊"模式:天下无敌

如果让蛇变得特别特别的长一定会很有趣!快让我们一起为游戏添加一种"作弊"模式,使蛇可以保持增长却不会撞到它自己吧。

除此之外这里还会为蛇增加一个彩虹效果，提示玩家"作弊"模式已启用。

修改头部角色脚本

修改"Head"（头部）角色的脚本以匹配接下来的要求。你需要在之前写好的脚本中添加新的代码，同时也需要添加新的代码块。为此你需要创建一个名为"cheat mode"（作弊模式）的变量，并将其设定为"适用于所有角色"。

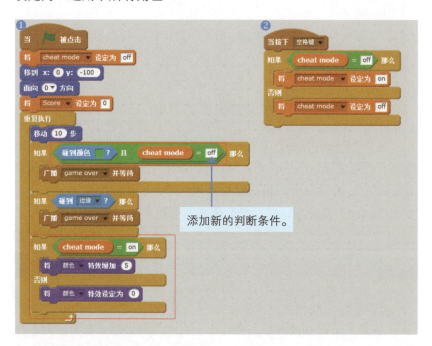

添加新的判断条件。

脚本 ❷ 的作用就是让游戏开启"作弊"模式。空格键可以切换"作弊"模式打开或者关闭。当其被设置为"打开"（on）时，游戏结束的消息就不会被广播，即使是蛇头碰到浅绿色的蛇身也不会结束。原因是在脚本 1 中，你已经添加"cheat mode=off"代码块至"如果……那么……"条件判断语句中，这样可检测出蛇是否撞击到自己。如果"cheat mode"设置为"on"——即

打开"作弊"模式,蛇即使撞击到自己也没关系,因为条件必须是"碰到颜色"代码块和"cheat mode=off"同时满足,"广播 game over 并等待"代码块才会执行。

脚本 ❶ 中还有一条"如果……那么……否则……"的指令,这条指令在"作弊"模式开启时,可以给蛇增加彩虹的效果。当"作弊"模式关闭的时候,这个颜色效果就会重置为 0,角色将恢复到它原始的颜色。

修改身体角色脚本

现在我们还想将这个彩虹效果添加到"Body"(身体)角色的克隆体上。如下图所示,修改"Body"角色的脚本。

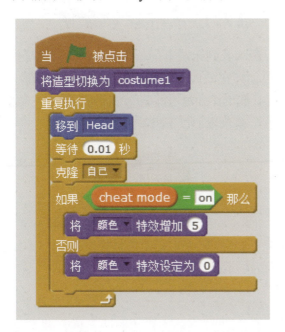

当"作弊"模式设置为开启时,"Body"角色通过增加颜色特效值来渐渐地改变颜色,从而形成彩虹的效果。反之,"Body"角色会将颜色特效的值设置为 0,就没有色彩变化了。

小贴士

点击绿旗图标测试以上代码。按下空格键并尝试让蛇触碰到它自己。此刻游戏不应该结束。再次按下空格键并尝试让蛇触碰到它自己。这时游戏应该就结束了。确保当你按下空格键的时候蛇就会呈现出彩虹的效果。测试完毕后，点击红色停止按钮，并保存你的程序。

"作弊"模式：甩掉蛇的身体

如果蛇已经增长到无法再变长时，那游戏也就没什么要挑战的了。但是如果你能在蛇即将撞击到它自己的瞬间摆脱掉身体的话，就方便多了。让我们添加这个能删除身体角色的"作弊"脚本吧。

给"Body"角色添加以下脚本。

当玩家按下 C 键时，所有的克隆体将被删除。（原始角色是不会被删除的，因为它不是克隆体。）

总结

在本章中，你完成的游戏包含如下要点：

▶ 角色能够在围绕舞台移动的过程中以克隆的方式留下轨迹。
▶ 在绘图编辑器中自行绘制出了蛇的头部和身体的角色。
▶ 检测蛇头触碰身体时有没有侦测出头部是否触及了身体的颜色。
▶ 用变量来检测"作弊"模式是开启状态还是关闭状态。

▶ 让玩家用键盘方向键来控制蛇的方向而不是靠速度。

▶ 设计游戏的无限模式，因此玩家可以不停地玩下去。

《贪吃蛇》游戏的键盘方向键控制方式类似于第 3 章中的《迷宫跑者》游戏。玩家在一个俯视图中操控上、下、左、右键。然而，《贪吃蛇》游戏的不同之处在于，游戏主体一直是在移动中的，而玩家只能控制它的方向。你可以在一些快节奏的游戏设计中用到这种控制方式。

在第 7 章中，你会学习如何用克隆技术制作一个《水果切切切》游戏，该游戏的设计可以使用键盘控制或者鼠标控制，或者两个都用。

回顾思考

尝试着回答下面的问题，以检测一下自己所掌握的知识。也许有的问题你不知道答案，但是你可以通过 Scratch 编辑器来找到答案。（也可以访问网址 *http://www.nostarch.com/scratchplayground/* 寻找答案）。

1. "当按下 xxx 键"和"按键 xxx 是否按下？"两条指令之间的区别是什么？
2. `移到 x: 在 -220 到 220 间随机选一个数 y: 在 -160 到 160 间随机选一个数` 代码块的作用是什么？
3. "在 ( ) 秒内滑行到 x:( ) y:( )"和"移到……"代码块之间的区别是什么？
4. 为什么你必须让自己画的蛇头朝向右侧呢？
5. 为什么需要将"Head"角色利用"设置造型中心"选项设置到中心位置呢？

第 7 章

水果切切切

　　《水果忍者》(Fruit Ninja) 是一个非常受欢迎的游戏，发布于 2010 年。在该游戏里面，水果随机地抛向空中，玩家需要在水果落地之前切开水果。本章将会参考《水果忍者》的游戏方式，带领大家一起制作这个《水果切切切》(Fruit Slicer) 游戏。我们将会使用 Scratch 的新功能来制作这个游戏。是不是很兴奋呢？让我们一起期待接下来的游戏吧！

在开始编程之前，让我们先来体验一下这个游戏，可以前往这个网址打开链接：*https://www.nostarch.com/scratchplayground/*。

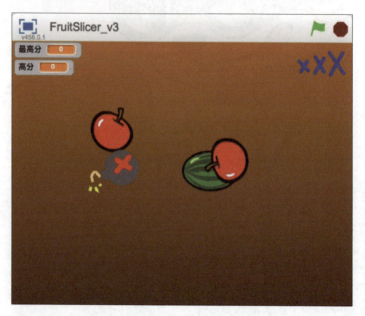

在我们接下来要创作的游戏里，玩家通过点击和拖动鼠标完成切水果的动作。

设计游戏草图

首先，我们一起来分析并画出整个游戏的草图。本章切水果的游戏场景包含下面这些元素。

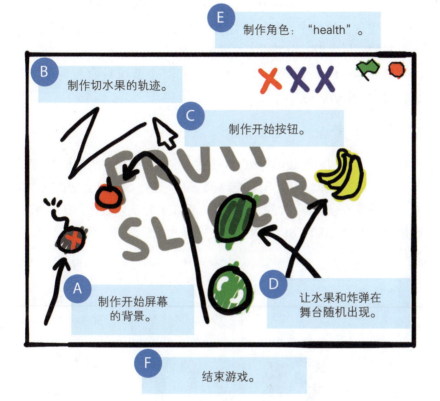

如果要节省时间，则可以在资源 ZIP 文件中的框架文件的基础上进行创作，框架文件在资源压缩包文件中，名称为【fruitslicer-skeleton.sb2】。下载资源包的方法就是，打开该网页（*https://www.nostarch.com/scratchplayground/*），右击链接并选择**"将链接另存为"**或**"将目标另存为"**，将压缩文件下载到你的计算机里。 从压缩文件中提取所有的资源。框架文件里面包含了所有需要的角色，因此你只需要将脚本拖动到每个角色中就可以了。

A 制作开始屏幕的背景

《水果切切切》游戏最开始需要一个开始屏幕。当玩家点击绿旗图标时,开始屏幕显示游戏标题。当玩家输了的时候,游戏将返回开始屏幕。当你向其他人展示自己所创作的游戏时,可以在开始屏幕上放置自己的名字或者一个标志。事实上,现在你就可以尝试着为自己的项目思考一个游戏工作室的名字了。

打开 Scratch,新建一个项目,并把这个新项目命名为【Fruit Slicer】(水果切切切)。

1. 绘制背景

点击角色列表旁边的"舞台",然后点击代码模块库上方的**"背景"**标签页(当你选择"舞台"时,属于角色的"造型"标签页会切换为"背景"标签页),选择一种颜色,使用左侧工具栏的"线段"工具来绘制游戏标题"FRUIT SLICER"中的字母。随后使用"填充"工具给字母填充颜色。

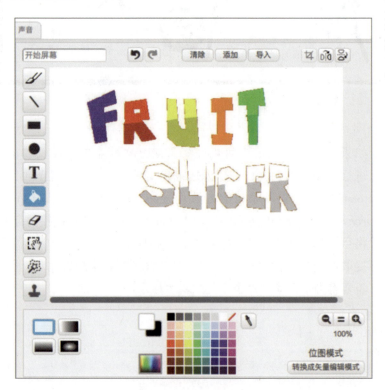

标题绘制完成后，需要设置成深棕色渐变背景。（当选择"填充"工具时，调色板旁边会出现4种渐变选项）。首先，通过颜色切换器在调色板中选择一个浅棕色，然后在旁边选择"垂直渐变"类型。

点击绘图编辑器的画板，把刚刚设置好的颜色填充到背景中。如果你想多次试验一下，点击**"撤销"**按钮（位于画板上方），可以重新填充一个新的渐变背景。这里需要注意一下，别忘了字母"R"中间的洞洞也要填充颜色。完成后，将此背景重命名为"start screen"（开始屏幕）。

接下来，需要创建一个简单的背景图，目的是当游戏开始时，

FRUIT SLICER 标题隐藏之后,切换到这个简单的背景图。方法是点击"绘制新背景"按钮(在"新建背景"下方),然后填充一个渐变棕色的背景,如下图所示。

将这个背景图重名名为"game screen"(游戏屏幕),游戏开始后背景图会由"start screen"切换为"game screen"。

2. 为舞台添加代码

现在我们来为"舞台"添加程序。在"角色列表"旁边选择"舞台",然后在顶部区域选择**"脚本"**标签页。新建两个变量:"Score"(分数)和"High Score"(最高分)(在**"脚本"**标签页里面点击橙色的【**数据**】分类,选择下面的**"新建变量"**按钮。这两个变量都选择"适用于所有角色"。

提示:舞台的变量都适用于所有角色,所以"仅适用于当前角色"这个选项不会在这里出现!

你还需要创建两条新的广播消息:"start screen"和"start game"。在**"广播"**代码块和**"当接收到"**代码块上,点击右侧的黑色小三角形,在出现的下拉菜单中选择**"新消息"**完成消息创建操作。然后把下面的代码添加到舞台的脚本上。

当绿旗被点击的时候,这段代码将"High Score"和"Score"两个变量设置为0。当游戏开始和玩家输掉游戏的时候,"start screen"会播放相应的广播消息;"Score"变量会被重置为0,并将背景切换为"start screen"。这样当玩家输了的时候,可以在"start screen"(开始屏幕)重新开始游戏。

B 制作切水果的轨迹

在《水果切切切》游戏中,玩家在屏幕上点击并拖动鼠标的瞬间,会在屏幕上留下一条类似于刀片划过的轨迹。下面我们就制作这样的效果。

3. 绘制角色:"Slice"

点击**"绘制新角色"**按钮来创建新角色,再点击角色左上角的 ⓘ 按钮,打开角色的信息区域,把该角色命名为"Slice"(轨迹)。然后,在绘图编辑器界面中画一个浅蓝色矩形,如下图所示。

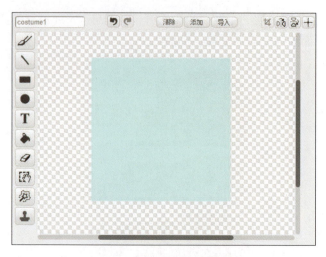

注意,"Slice"(轨迹)这个角色不能和游戏中任何一种水果的颜色相同;否则,就会有某个水果也充当刀片切到其他水果。

拓展:新建链表

现在,我们来学习 Scratch 中的一个高级功能——一种存储数据的方式。一个【链表】本质上和变量的概念类似,只不过它可以存储许多变量值,而不是一个值。打开一个新的 Web 浏览器选项卡,然后启动一个新的 Scratch 编辑器。我们将通过新建一个 Scratch 项目来探索和学习链表模块的应用。选择橙色的【数据】分类并点击**"新建链表"**按钮打开"新建链表"窗口。把这个新建链表命名为"示例链表",并选择"适用于所有角色"单选按钮。

新的暗橙色代码块会出现在"新建链表"按钮的下面。

由于在链表中会包含很多变量值,因此这些变量值在链表中都会有一个属于自己的【位置】,该位置都是由数字来表示的,例如:数字1表示链表中的第一个值。

链表不像变量代码块那样具备"将( )设定为( )"或者"将变量( )的值增加为( )"这样的代码块,它具备的代码块列表如下:

- "将thing加到示例链表"代码块。
- "删除"代码块指的是"删除"某个位置的值。
- "插入"代码块类似于"将……加到……"代码块,这里的区别是你可以选择插入值的位置。
- "替换"代码块像"删除"代码块和"插入"代码块的结合,它会用一个新的值替换某个位置的值。

添加以下代码,然后双击它来运行,看看这些代码块对"示例链表"的结果。

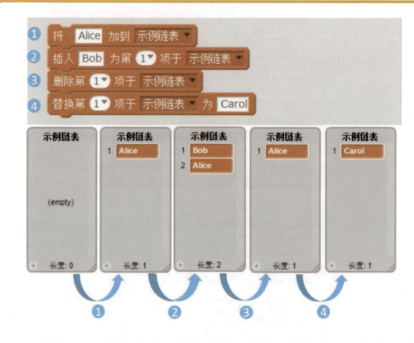

思考一下,其实链表变量中的值可以显示在舞台上的气泡状模块中。链表的气泡模块是相似的,但你需要指定一个位置,这样气泡模块才能够知道去获取链表中的哪个值。左右两边的脚本都可以让小猫说"Hello!",但是链表(左边)的代码必须指定要调用链表中的哪一个值,调用第二个变量值就在代码块中输入数字2。

4. 为"Slice"(轨迹)这个角色创建链表和变量

接下来,在《水果切切切》游戏中添加两个链表,因为我们绘制在屏幕上切水果时,出现的"切片"轨迹需要用到链表。这个轨迹运用【画笔】(Pen)代码块进行画线，但是画线的位置坐标用链表存储会比较方便。

点击代码模块库上方的**"脚本"**标签页，然后选择橙色的【数据】分类。点击**"新建链表"**按钮，打开"新建链表"窗口。将链表名称命名为"x方向轨迹"，并选择"适用于所有角色"。

新的暗橙色代码块将出现在"新建链表"按钮下面。

在橙色的【数据】分类中，点击**"新建链表"**按钮，为《水果切切切》游戏制作第二个链表。将链表命名为"y方向轨迹"，并选择"仅适用于当前角色"。

水果切切切 **149**

然后点击**"新建变量"**按钮,创建一个变量,命名为"i",并选择"仅适用于当前角色"。你将会在下一步中用到这个"i"变量。"Slice"(轨迹)这个角色将会用到这两个链表和变量"i",以绘制浅蓝色的轨迹。

5. 记录鼠标的移动

你将使用**"画笔"**代码块来绘制"Slice"(轨迹)的线。但首先你需要知道在哪里画线。将以下代码添加到"Slice"(轨迹)这个角色。

当玩家点击并按住鼠标按钮时,鼠标当前位置的 x 和 y 坐标会不停地添加到链表"x方向轨迹"和"y方向轨迹"的末尾。如果链表中的值超过 4 个,那么每个链表开头的第一个值会被删除。这就是程序记录鼠标最后 4 个 x 和 y 坐标的方法。还有一种情况是,当鼠标按钮没有被按下时,链表中的第一个值也会被删除,所以玩家释放鼠标按钮时,轨迹会变短。

此脚本程序为链表"x方向轨迹"和"y方向轨迹"提供了正确的位置坐标。下一个脚本程序会绘制切水果的轨迹。

6. 制作一个自定义功能块来绘制切水果的轨迹

选择紫色的【更多模块】分类,用来创建自定义的 Scratch 模块。

点击**"新建功能块"**按钮打开"新模块"窗口。为新的紫色模块命名为**"画轨迹"**。点击灰色三角形展开"选项"菜单,并勾选**"运**

行时不刷新屏幕"复选框。选中该复选框后,即使玩家没有通过按住 Shift 键并点击绿旗图标的方式来启用加速运行模式,Scratch 也会启用加速模式运行你的自定义模块代码。点击"**确定**"按钮完成创建自定义模块。

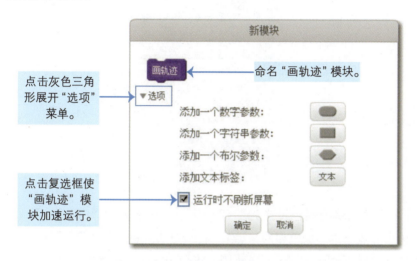

一个全新的"画轨迹"模块将出现在深紫色的【更多模块】分类里面。

这个在"脚本区域"中具有弯曲顶部的新模块是用来定义"**画轨迹**"模块的。当你想使用这个新的定义模块时,还必须从模块区域拖动"**画轨迹**"模块到代码区域,这个过程叫作【调用】。每当 Scratch 运行这个调用模块时,自定义模块中的代码就会开始运行。

将以下代码添加到"Slice"(轨迹)这个角色中。

"**将画笔的颜色设定为**"代码块中的颜色要和"Slice"(轨迹)角色的蓝色矩形颜色相同。点击"将画笔的颜色设定为"代码块的"颜色框",然后点击"Slice"(轨迹)这个角色的"浅蓝色"。

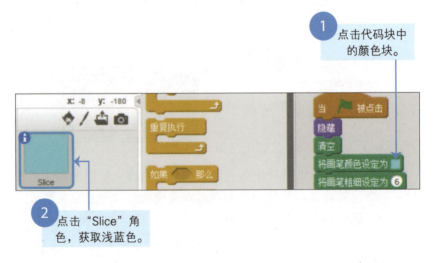

这个脚本隐藏了"轨迹"(Slice)这个角色,并为画笔设置了合适的尺寸和颜色。然后,**"重复执行"**代码块会持续执行**"画轨迹"**模块中的脚本命令。

接下来，你需要编写"**定义画轨迹**"模块脚本。"**画轨迹**"的功能是从第一个坐标开始绘制一条线：链表"x方向轨迹"中的第一个值（对应x坐标）和链表"y方向轨迹"中的第一个值（对应y坐标）。轨迹这条线接下来需要根据两个链表中的下一个值来确定下一个点的位置（x和y的坐标）。然后按照上述方法再到下一个值，如此循环往复，直到两个链表中的最后一对值。程序会计算出链表"x方向轨迹"和链表"y方向轨迹"的长度——即链表中的项目数。现在按照这个思路，把下面的代码添加到"**定义画轨迹**"代码块下方。请注意，模块"x方向轨迹的项目数"是暗橙色，属于【数据】分类，而不是绿色的【运算符】分类。

这段代码表示，如果侦测到链表"x方向轨迹"的项目数大于0，这时画笔就抬起笔，移动到"x方向轨迹"和"y方向轨迹"的第一个x与y坐标值，然后再落笔。在"**重复执行直到**"循环中，代码使用了一个名叫"i"的临时变量，用于记录画笔下一步应该移动到哪里。

代码第一次执行"**重复执行直到**"代码块时，角色会移动到链表"x方向轨迹"和链表"y方向轨迹"的第二个坐标值。然后画笔会随着角色的移动轨迹画出一条线。之后，变量"i"在下一次循环中会增加1，角色继续移动到"x方向轨迹"和"y方向轨迹"的第3个坐标值。一直循环这样的操作，直到变量"i"大于链表中的数值个数（即链表的项目数）。

注意："定义画轨迹" 模块下的所有代码都是放在另一个脚本的**"重复执行"**代码块中运行的，但它不会在加速模式下运行。因此，在新建**"画轨迹"**功能块时，要勾选**"运行时不刷新屏幕"**选项，这样功能块才能在加速模式下运行。否则，画切水果的轨迹这个过程会变得很慢！

小贴士

点击绿旗图标测试以上代码。按住鼠标按键并在舞台上移动，观察淡蓝色的线条轨迹是否跟随鼠标移动绘制出来，轨迹出现的时间比鼠标光标移动的时间稍稍晚一点。在松开鼠标按键时线条轨迹快速消失。测试完毕后，点击红色停止按钮，并保存你的程序。

C 制作开始按钮

《水果切切切》游戏需要玩家拥有迅速的反应能力。所以，下面为开始屏幕添加一个按钮，让玩家可以准备好再开始游戏！按下鼠标键画出一条轨迹，切开开始按钮就可以启动游戏。

7. 制作角色："Begin Button"

你不需要画开始按钮，因为 Scratch 的**"角色库"**里面已经有了！点击**"新建角色"**旁边的**"从角色库中选取角色"**按钮。选择角色库窗口中的**"Button1"**。然后点击**"确定"**按钮。打开这个角色的信息区域，并将角色重命名为"Begin Button"（开始按钮）。

点击代码模块库上方的**"造型"**标签页，并在颜色区域选择"白色"；然后用**"文字"**工具输入【begin】，点击画板上除文本框外的任何区域，调整文本大小，并将文本框拖动到绿色按钮的底部。

然后，利用"文字"工具，再一次制作"begin"字样。同样，点击画板上除了文本框外的任何一处，按住文本框顶部的手柄不放，并旋转文本框，使它180°上下颠倒。之后将它放在绿色按钮的顶部。

将这些代码添加到"Begin Button"这个角色中。

在"碰到颜色？"代码块中设置和角色列表中的"Slice"角色一样的颜色。点击"碰到颜色？"代码块的"颜色方框"，然后点击"Slice"角色的浅蓝色矩形，具体操作正如你在之前步骤 6 中做的一样。

在玩家切开开始按钮之前，该角色会保持在舞台上慢慢旋转。当这个按钮碰到浅蓝色的时候，就会知道其已经被切开，这时，"Begin Button"角色会向其他所有角色广播"start game"。

小贴士

点击绿旗图标测试以上代码。按住鼠标左键，切开开始按钮。观察当该按钮被切开的时候，它是否会消失，同时背景出现变化。测试完毕后，点击红色停止按钮，并保存你的程序。

D 让水果和炸弹在舞台随机出现

游戏中的水果虽然看起来不同，但它们有同样的运作模式，所以可以对同一个角色添加不同的水果造型，然后使用相同的代码程序。

8. 创建水果角色

点击"新建角色"旁边的**"从角色库中选取角色"**按钮,并从角色库中选择"Apple"(苹果),然后点击**"确定"**按钮。点击新角色的 ⓘ 按钮,打开信息区域,为角色重命名为"Fruit"(水果)。

点击水果角色的**"造型"**标签页。点击"新建造型"下面的**"从造型库中选取造型"**按钮,添加"香蕉"(bananas)造型,然后再一次点击按钮并增加"橙子"(orange)造型。之后继续点击按钮,添加"西瓜"(watermelon-a)造型。确保造型的顺序与下图相符。如果它们不是这个顺序,拖动造型到正确的顺序。

造型库没有炸弹的造型，所以你需要为水果角色自己画一个炸弹。如果玩家不小心切到"炸弹"，他们就输掉了游戏。点击"新建造型"下面的**"绘制新造型"**按钮，打开绘图编辑器界面。

在绘图编辑器中，绘制一个上面带有红色"×"的炸弹。使用"椭圆"工具来绘制炸弹的主体，使用"线段"工具绘制顶部和"×"。滑动界面下方的线宽调节器来调整线条的粗细。把这个造型命名为"炸弹"（bomb）。

9. 制作切开的水果造型

水果角色包含4种水果的造型以及一个炸弹和一个切开的水果。这一步很容易，因为你不用画任何东西。你只需要复制这些造型和将它们轻轻地分开，使它们看起来像干净利落地被切开一样。

在绘图编辑器中，右击"造型1"（苹果造型），选择**"复制"**，这样就可创建第二个苹果造型，也就是"造型6"。

用相同的方式复制香蕉、橙子、西瓜和炸弹造型。确保它们的顺序与原始造型的排列一样：

（1）苹果

（2）香蕉

（3）橙色

（4）西瓜

（5）炸弹

（6）苹果2

（7）香蕉2

（8）橙子2

（9）西瓜2

（10）炸弹2

注意：再一次仔细检查造型的排列顺序！以后出现问题再来修改造型的顺序会很复杂，所以现在仔细检查会减少以后不必要的麻烦。

通过每种水果造型序号可以看出，切开水果的造型序号与没切开的水果造型序号相比，数字上要大5。所以，苹果是"造型1"，切开的苹果是"造型6";香蕉是"造型2",切开的香蕉是"造型7"。这就是水果造型排序很重要的原因。另外,需要第二个炸弹作为"造型10"。复制炸弹造型,但不需要将它切开。

水果造型是在 Scratch 的矢量模式下绘制的,这意味着它们是以形状组合的方式来绘制的,而不是像素集合。虽然矢量图像看起来比位图图像好,但是在绘图编辑器里,矢量图像不能被分成两部分。所以,首先需要将造型转换到位图模式下进行编辑。

对于每个复制的水果造型(造型6、7、8、9),选中造型并点击绘图编辑器右下角的**"转换成位图编辑模式"**按钮。然后使用"选择"工具,在大约一半的位置画一个矩形框,按住鼠标左键不松手拖动矩形框,与这个水果的下面另一半间稍稍分开,使得其看起来被切成两半。

注意要将该造型切换为"位图模式"。

你也可以选择下半部分的水果,然后旋转一点角度。在复制的香蕉、橙子和西瓜造型上也要重复此步骤,分别制作出每种水果切开的造型。

10. 给水果角色增添代码

水果角色现在已经拥有了所有需要的造型，下面来编写它的运行代码。水果角色不断克隆自己，每个克隆体将随机选择造型1、2、3、4或5。然后克隆体再随机出现在半空中。克隆体会检测自己的状态，如果它被切开，会自动切换到与该水果相对应的被切开造型；或者如果克隆体随机选择了炸弹造型，玩家切到它，游戏结束。

为水果角色新建变量，并勾选"仅适用于当前角色"。变量包括"x velocity"（x 方向速度）、"y velocity"（y 方向速度）、"rotation speed"（旋转速度）和"number of fruit"（水果数量）。所有的克隆体都会使用这些变量来决定它们怎样随机出现和掉落。创建这些变量之后，请再次确认这些变量都是"仅适用于当前角色"，这个程序中唯一的"适用于所有角色"的变量只有"Score"（分数）和"High Score"（最高分）。

如果炸弹被切开了，游戏将会发出一个噪声。点击**声音**标签页，点击"新建声音"下方的"**从声音库中选取声音**"按钮，选择"alien creak2"，点击"**确定**"按钮。

现在变量和声音已经设置完毕，可以添加代码程序了。让原始的水果角色每秒都能创建出很多克隆体，而克隆体的代码将会在第11步添加。

为水果角色添加下面的代码。

脚本 ❶ 在游戏开始时隐藏水果。脚本 ❷ 表示当接收到"end game"（结束游戏）时，删除克隆体，并清理舞台来结束游戏。脚本 ❸ 表示，当玩家切开开始按钮，也就是当接收到"start game"（开始游戏）时，开始创建克隆体。

让我们仔细看看脚本 ❸ 是如何运行的。等待1秒后，变量"number of fruit"（水果数量）被设置为随机数1、2、3或4。在"**重复执行 number of fruit 次**"循环体中的命令会在每一次执行过程中创建新的克隆体，而且让原始的水果角色的 x 位置设置为随机坐标，y 位置设置为 –170，也就是放置到舞台的底部某一随机的位置。

接下来，"x velocity"（x 方向速度）、"y velocity"（y 方向速度）和"rotation speed"（旋转速度）变量值是随机设置的（因此，

克隆的水果会随机出现在舞台中)。水果角色的造型也随机设置为造型 1、2、3、4 或 5。这段代码的作用就是让水果角色创建出了自己的克隆体，而这些克隆体的位置、变量和造型都来自原始水果角色。也就是说，克隆体和原始水果角色一样，无论是造型还是抛向空中的速度等都是随机设置的。

在设定变量"x velocity"(x 方向速度)的数值时，运用了复杂的方程——"–1*x 坐标/50 + 在 –2 到 2 间随机选一个数"，将这个方程的计算结果作为变量"x 方向速度"的值。"x 方向速度"的值决定了水果随机出现时，从左到右的跨度。这个变量值应该取较小的值，所以该角色的 x 坐标位置(–200 到 200 之间的随机数)除以 50，也就相当于 –4 到 4 之间的跨度大小。

我们总是希望水果出现到舞台的中央。也就是说，如果水果角色出现在舞台的左侧，它的 x 位置将是负的，它的克隆体应该出现在右边。换句话说，变量"x velocity"(x 方向速度)应该设置为正数。如果水果在右边出现(x 坐标是正数)，它的克隆体应该出现在左边。

这意味着，"x 坐标/50"这个值应该乘以 –1；因此如果 x 位置为正值，变量"x 方向速度"将为负值，反之亦然。将变量"x 方向速度"乘以 –1，确保舞台左侧的水果出现在右边，右侧的水果出现在左边。为了在出现的过程中添加一些变化，添加 –2 和 2 之间的随机数。在步骤 11 中，将会看到克隆体如何使用"x velocity"(x 方向速度)这个变量。

"x velocity"(x 方向速度)和"y velocity"(y 方向速度)两个变量一起使用，因此水果以一种被称为【抛物线】的弯曲的形式出现。抛物线的计算应用在许多科学和工程中，但在你的游戏中使用抛物线，你不需要了解很多抛物线的原理。如果你不明白这些代码块中的

数学计算原理，不要担心！只要你按照本书中所展示的代码块进行编程，水果一定会以正确的方式出现在舞台中。

11. 为水果角色的克隆体添加代码

当原始水果角色创建自己的克隆体时，克隆体就要开始运行自己的代码，并出现在舞台中，效果就像从舞台底部向上方抛出水果一样，然后还要检查它是否被切开。

首先，点击**广播**模块的黑色三角形，创建**一条消息**："missed fruit"（漏掉水果）。然后，给水果角色添加下列代码。

```
当作为克隆体启动时
显示
重复执行直到 <y 坐标 < -170>  ❶
    将 y velocity 增加 -1
    将x坐标增加 x velocity
    将y坐标增加 y velocity
    右转 ( rotation speed 度
    如果 <碰到颜色 ■ ?> 那么  ❷
        如果 <造型编号 = 5> 那么
            播放声音 alien creak2  ❸
            移至最上层
            重复执行 10 次
                将角色的大小增加 30
            广播 end game
        否则
            如果 <造型编号 < 5> 那么  ❹
                播放声音 pop
                将 Score 增加 1
                将造型切换为 (造型编号 + 5)
如果 <造型编号 < 5> 那么
    广播 missed fruit  ❺
删除本克隆体  ❻
```

这段代码用来控制水果克隆体，它看起来有点儿复杂，所以要把它一步一步分解开来看。原始水果角色是被隐藏的，所以克隆体首先需要做的就是让它出现在舞台上。

接下来，当克隆体在舞台空中的时候，重力和切水果的检测代码在循环体1（代码❶）中重复执行。当克隆体的 y 坐标位置小于 -170 时，克隆体已经落到舞台的底部。

"**重复执行直到**"代码块的第一部分，为了在重力下更快地掉落，将变量"y velocity"增加 -1。然后克隆体的 x 坐标位置、y 坐标位置和方向分别通过变量"x velocity"（x 方向速度）、"y velocity"（y 方向速度）和"rotation speed"（旋转速度）中的值改变，使水果在空中以抛物线形路径移动。当水平速度（在这种情况下是 x 方向速度）不变，垂直速度（在这种情况下是 y 方向速度）随时间减小时，就画出了一个抛物线形状。

在"**碰到颜色？**"代码块中的颜色应该和"Slice"角色颜色相符（上图代码❷）。克隆体通过检测自己有没有触碰到"Slice"角色的颜色（请参阅步骤6）来判断是否被切到。如果它触碰到这种颜色，"**如果……那么……否则……**"代码块就会进行另一项检查，看克隆体的造型数字是不是5（这是炸弹造型的数字）。如果炸弹已经被切到，克隆体会发出"alien creak2"的声音（上图代码❸），通过运行"**将角色的大小增加 30**"代码块将声音逐渐加大，同时播放"end game"（游戏结束）的广播信息。

否则，假如已切水果的克隆体的造型序号不是 5（即它不是炸弹的造型），在"**如果……那么……否则……**"代码块中"**否则**"部分的代码将会运行（上图代码❹）。"**如果……那么……**"模块会检查克隆体是 4 种造型中的哪一种，将造型设置为相应被切开后的造型，并给变量"Score"加 1。

水果切切切 **165**

在"**重复执行直到 y 坐标位置 <–170**"代码块之后,假如水果造型没有被切到(即造型 1~4),那么就广播"missed fruit"(漏掉水果)这条消息(上图代码 ❺)(我们会在步骤 12 中仔细研究收到此信息的代码块)。无论造型有没有被切到,克隆体都会被删除(上图代码 ❻)。

> **小贴士**
>
> 点击绿旗图标测试以上脚本。尝试切一下水果。观察水果被切开的造型是否会出现,并且变量"Score"(分数)的值是否会增加 1。测试完毕后,点击红色停止按钮,并保存程序。

E 制作角色:"health"

由于炸弹会随时出现,因此玩家玩游戏的时候会比较谨慎,不会在屏幕上到处切。为了避免出现这样的情况,可以为游戏设置规则:如果玩家错过了 3 个水果,游戏结束。

12. 创建角色:"health"

"health"(血量)角色会提示玩家在游戏失败之前可以漏掉多少水果。每次玩家漏掉一个水果,"health"角色就切换到下一个造型。

点击"新建造型"下面的**"绘制新角色"**按钮。 打开这个新角色的信息区域,并将它重命名为"health"。在绘图编辑器中,使用"线段"工具绘制 3 个蓝色的"×"和复制这个造型 3 次。"×"的大小从左到右增加,也可以制作你喜欢的样式,只要能有 3 个类似的"×"就可以了!

　　将造型 1 重命名为"3 health"（3 个血量），造型 2 为"2 health"（2 个血量），造型 3 为"1 health"（1 个血量），最后造型 4 为"0 health"（0 个血量）。在 3 个血量（造型 1）的时候，3 个 × 都设置为蓝色。对于其他造型来说，用"填充"工具，点击左下方的垂直渐变，选择浅红色和深红色来为 × 填上红色渐变。造型 2"2 health"（2 个血量）含有一个红色 ×，"1 个血量"会有两个红色 ×，"0 个血量"是 3 个红色 ×。观察你的造型是否如下图一样排列。

"health"角色将根据接收的不同广播消息切换造型。将以下代码添加到"health"角色中。所有的广播消息到此步骤之前都应该已经创建好了,所以你不需要再创建消息了。

当玩家点击绿旗图标并处于开始屏幕上时,"health"角色为隐藏状态(上图脚本❶)。当玩家切开开始按钮——"Begin Button"角色时,它就会广播"start game"消息,然后"health"角色自动显示"3 health"(3个血量)的造型(上图脚本❷)。每当一个未被切开的水果掉落在舞台底部时,那个水果会广播"missed fruit"(漏掉水果)消息,这时"health"角色切换到下一个造型(上图脚本❸)。下一个造型会多一个红色×。如果"health"角色切换到造型"0 health",所有3个×都为红色,则广播"end game"。当"health"角色接收到

该消息时，它使用非常短的代码把自己隐藏起来（上图脚本 ❹）。

小贴士

点击绿旗图标测试以上代码。让水果落下，不要去切，观察每错过一个水果，"血量"是否会增加一个红色的"×"。重新开始游戏，观察 3 个 "×" 是否都变成蓝色了。测试完毕后，点击红色停止按钮，并保存程序。

F 结束游戏

现在，玩家可以用两种不同的方式输掉游戏：错过 3 个水果或者切到炸弹。无论哪种方式，"end game" 消息都会被播报，然后水果角色的克隆体会删除自己，"health" 会隐藏自己，舞台褪色为白色。我们已经为克隆体和 "health" 角色添加了代码，下一步让我们来添加结束游戏的代码，让舞台褪色为白色。

13. 创建角色："White Fade Out"（舞台褪色为白色）

我们运用虚像效果的技巧来使舞台褪色。点击"新建造型"下面的**绘制新角色**按钮。在信息区域中，重命名这个角色为"White Fade Out"。在绘图编辑器中，使用"填充"工具，用白色填充整个画布。此时，画布上的白灰色方格图案不可见。

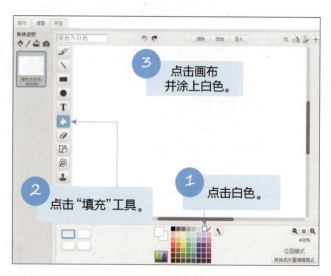

"White Fade Out"角色会阻挡舞台的大部分。当程序开始运行时，"White Fade Out"角色会隐藏自己，并且会仅当"end game"消息被播报时变得可见。将以下代码添加到"White Fade Out"角色中。

当"White Fade Out"（褪色为白色）角色接收到"end game"消息时，它自己移动到 x 坐标和 y 坐标（0,0）的原点（上图代码 ❶）。因为这个角色与舞台尺寸（480 像素宽，360 像素高）相同，把它放在原点，会完全覆盖舞台。"**移至最上层**"代码块也将它放置在其他所有角色的最上层，这确保了其他所有角色都在它的下层。

在显示自己之前，"White Fade Out"（褪色为白色）角色将"虚像"特效设定为 100（上图代码 ❷），使其完全不可见。然后"重复执行"代码块将"虚像"特效逐次增加 –10，循环 10 次（上图代码 ❸）。角色逐渐变得可见，白色慢慢地覆盖舞台。

如果"Score"变量值高于"High Score"变量值，"High Score"变量值会被更新（上图代码 ❹）。在短暂的 1 秒延迟后，"White Fade Out"角色会播报"start screen"的消息，并隐藏自己，舞台返回到开始屏幕的背景，开始按钮就会出现（上图代码 ❺）。当玩家点击绿旗图标时，游戏看起来是一样的，但是变量"High Score"的值是到目前为止获得的最高分数。

小贴士

点击绿旗图标测试以上代码。玩这个游戏，并确保当切到一个炸弹或当 3 个未被切到的水果掉落时，"White Fade Out"（褪色为白色）角色出现，进入我们的视野，然后提示重新启动游戏。测试完毕后，点击红色停止按钮，并保存程序。

此程序的代码太多，无法在本书中列出完整的代码。你可以在压缩的资源文件中打开文件名为【fruitslicer.sb2】的文件来查看完整的代码。

2.0 版本：最高分

Scratch 可以使用【云变量】在其网站上存储变量。Scratch 的云变量与常规变量一样，唯一不同的是，它们的值即使在 Web 浏览器关闭后也会被存储。云变量可以共享给使用同一个程序的每个 Scratch 用户。使用云变量，你可以让所有玩你游戏的玩家不断竞争，刷新最高分！

因为云变量占用了 Scratch 网站的很多带宽，所以使用它们也是有一些限制的：

- ▶ 云变量只存储数字，而不是文本。
- ▶ 云变量不能用于聊天游戏或多人游戏。
- ▶ 对于每个人，云变量的值都需要 1 秒或 2 秒更新。
- ▶ 使用 Scratch 网站较少的新用户不能使用云变量。

变量"High Score"（最高分）表示当前玩家玩出的最高分。但使用云变量，你就可以使游戏显示在 Scratch 网站上所有玩家的最高分！选择"White Fade Out"角色，然后点击橙色【数据】分类中的"**新建变量**"按钮。输入名称"Cloud High Score"（云端最高分），勾选"For all sprites"（适用于所有角色）（就像"High Score"一样）。之后勾选"Cloud variable (stored on server)"【云变量（存储在服务器上）】复选框。

勾选"Cloud variable (stored on server)"复选框，让变量成为一个可以存储在服务器上的变量。

注意：如果"Cloud variable (stored on server)"复选框不可见，则表示你仍然处于 Scratch 新用户状态，直到你更多地使用 Scratch 网站后，才可以使用云变量。创建更多的新项目，参与论坛讨论，评论其他 Scratch 用户的作品。然后再等待几天，查看你的"Cloud variable (stored on server)"复选框是否可以勾选。

当你创建"Cloud High Score"（云端最高分）云变量时，将其在舞台上的位置移到常规变量"High Score"（最高分）的上方。

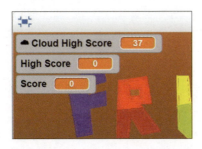

然后将以下代码添加到"White Fade Out"角色中。

如果玩家的"Score"大于"Cloud High Score"（云端最高分），就会刷新此时的"Cloud High Score"值。Scratch 网站上的其他所有玩家也可以刷新"Cloud High Score"。所以，现在你已经有了可以与其他玩家竞争的系统了。

作弊模式：恢复血量

你可以添加一个秘密按钮，让玩家恢复失去的血量，但是不会减少玩家意外切到炸弹的概率。在添加以下代码到"health"角色后，在游戏过程中，按下 R 键就会恢复一个血量。将以下代码添加到"health"角色中。

水果切切切　　**173**

小贴士

点击绿旗图标测试以上代码。在漏掉一些水果后,按下 R 键,观察是否会恢复一个血量值,也就是是否会有一个红色的 "×" 变成蓝色。测试完毕后,点击红色停止按钮,并保存程序。

总结

在本章中,你完成了一个包含如下要点的游戏:

- 有一个开始屏幕,而不是玩家点击绿旗图标就启动游戏。
- 使用渐变工具来绘制背景和造型。
- 使用链表来跟踪多个值。
- 使用鼠标的 "x 坐标值" 和 "y 坐标值" 跟踪鼠标的位置。
- 对一个角色创造出不同造型,再进行克隆,会让游戏看起来有多种不同的水果。
- 当游戏结束时返回开始屏幕而不是停止程序。
- 可以记录玩家的最高分。

本章内容比以前的各章内容要长,因为《水果切切切》游戏比以前的游戏更复杂。但我认为这是本书到目前为止最有趣的游戏。继续学习更多编程知识,相信你一定会做出更加炫酷的游戏,所以记住要坚持下去!

在第 8 章,你会创建一个太空游戏,发射子弹击落入侵的小行星!你准备好了吗?

回顾思考

尝试着回答下面的问题，以检测一下自己所掌握的知识。也许有的问题你不知道答案，但是你可以探索Scratch编辑器来找到答案。（也可以访问网址 *http://www.nostarch.com/scratchplayground/* 寻找答案）。

1. 在哪个代码块类别中可以创建自定义块？
2. 对于一个自定义块来说，"调用"和"定义"之间有什么区别？
3. 对于自定义块，"运行时不刷新屏幕"选项有什么作用？
4. **"移至最上层"** 代码块可以做什么？
5. 链表与变量有什么不同？
6. 云变量与正常变量有什么不同？
7. 当""Cloud variable (stored on server)"复选框不可见时，这是为什么？
8. 云变量可以存储文本吗？
9. 你在角色列表中看到一个名为"Sprite1"的角色。怎样重命名这个角色？

第 8 章

行星终结者

　　Asteroids 是由雅达利公司（Atari）于 1979 年开发的经典游戏。从那时起，许多程序员都重新实现了这个游戏，这是一个很棒的编程项目。玩家控制飞行的宇宙飞船（简称飞船）的同时摧毁撞向自己的小行星，还要避免宇宙飞船被小行星碎片击中！（当然大家都知道的是，可以向太空添加自己喜欢的各种元素和角色，以便让游戏看起来更加激动人心。）

操纵本章游戏中的飞船就像控制在冰面上滑行的曲棍球一样，由于飞船具有惯性，因此它会在舞台上滑动。为了减缓飞船的移动速度，玩家必须朝反方向操控。这需要一定的技巧才能精确地控制飞船的移动，使其不会失去控制。但这只是游戏的一半乐趣，另一半乐趣是摧毁小行星。

在开始设计游戏之前，请查看最终的【Asteroid Breaker】程序，网址为 *https://www.nostarch.com/scratchplayground/*。

设计游戏草图

首先，我们在纸上画出游戏的设计草图。玩家用"W、A、S、D"键控制他们的宇宙飞船，并用鼠标瞄准飞行的小行星。

下图就是游戏草图方案。

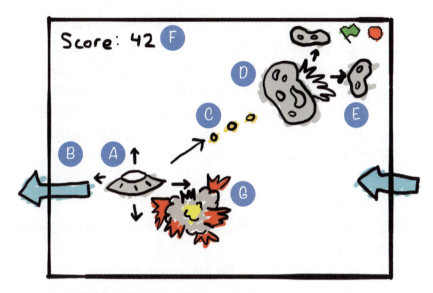

这里是我们要做的每个部分：

A. 制造一艘可以控制的宇宙飞船。
B. 使宇宙飞船可以在舞台边缘穿梭。
C. 用鼠标瞄准和用空格键射击。
D. 让行星能自由地出现和移动。
E. 行星被击中后分裂成两个小行星。
F. 创建得分和计时功能。
G. 如果飞船被击中就爆炸。

如果你想节省时间，也可以直接从资源 ZIP 文件里的项目文件（名为【asteroidbreaker-skeleton.sb2】）开始。下载地址是 *https://www.nostarch.com/scratchplayground/*，通过右击链接并选择**"将链接另存为"** 或**"将目标另存为"**，将文件压缩包下载到你的计算机。从文件压缩包解压所有文件。项目文件会加载所有的角色，你只需要将代码块拖到每个角色中即可。

A 制造一艘可以控制的宇宙飞船

在编写游戏的主要部分之前，需要为游戏添加星空背景和宇宙飞船角色。点击左下角"新建背景"下的**"从背景库中选择背景"**按钮，找到"太空"背景，选择"stars"，然后点击"确定"按钮。

我们不需要使用开始时的"小猫"这个卡通角色，因此右击该"小猫"角色，在弹出的快捷菜单中选择**"删除"**。此时请注意将项目进行保存，以避免因为计算机意外停机或死机对我们的创意造成损失。点击菜单栏的"文件"→"保存"并输入【Asteroid Breaker】（行星终结者）作为项目名称。

1. 创造飞船角色

使用飞碟图片作为我们的宇宙飞船，可以在解压的文件夹内找到该图片。

点击"新建角色"栏内的**"从本地文件中上传角色"**，然后找到项目文件所在的文件夹，选择【Spaceship.png】这张图片。

在"脚本"菜单下选择橙色的**"数据"**分类，点击**"新建变量"**并创建名为"x velocity"（x方向速度）的变量，并选择"仅适用于当前角色"。重复前面的步骤创建一个名为"y velocity"（y方向速度）的变量。

注意：如果这个角色没有出现，则刚才选择的是背景元素而不是飞船角色。我们需要关闭变量窗口，重新选择飞船角色，再次点击创建一个"x velocity"变量和一个"y velocity"变量。

你还需要创建两个名为"Score"（分数）和"player is alive"（玩家存活）的变量，并选择**"适用于所有角色"**。

接下来，将以下代码添加到"宇宙飞船"（Spaceship）角色中。代码设定了"宇宙飞船"的起始位置和变量的初始值；它还定义了用户的控制逻辑（即方向控制键）。

你可能会想知道，在此项目中，我们为什么没有像之前那样直接利用"将 x 坐标增加 ()"或者"将 y 坐标增加 ()"这样的代码块控制角色移动，而是引入变量来编写程序。那是因为在此程序中，玩家按住键盘上的"W、A、S、D"键中的一个控制键便可以增加或减少"x velocity"和"y velocity"变量。脚本底部的代码会调用这些变量，这就会让太空飞船在舞台中按照这些变量值更改 x 坐标、y 坐标。即使在玩家放开按键之后，变量仍然会使"宇宙飞船"产生惯性移动新的位置，因此太空飞船继续移动。

小贴士

点击绿旗图标测试以上代码。你可以按"W、A、S、D"键控制自己的太空飞船前进或倒退。确认按下"W、A、S、D"时飞船飞向正确的方向。然后，按下红色停止按钮，并保存你的程序。

行星终结者 **181**

B 使宇宙飞船可以在舞台边缘穿梭

当你测试代码时，是否注意到当飞船进入舞台边缘时，它会立即停止运行？原因是 Scratch 会默认设置防止角色离开舞台，这对绝大多数程序很有帮助。但在此游戏中，我们希望宇宙飞船可以在舞台的一侧穿越到另一侧，如下图所示。

2. 给飞船角色添加代码

下面的代码就可以实现让飞船由舞台的一侧穿越到另一侧，每当它到达一个边缘时就会从对面的边缘出现。现在添加下图的代码。

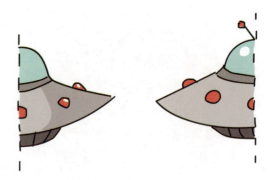

舞台左、右边缘的横向坐标值（x）分别是 –240 和 240，底部和顶部边缘的纵向坐标值（y）分别是 –180 和 180。我们使用这些边界来编写代码，以便在飞船经过这 4 个坐标值时可以改变飞船在舞台中的位置，使它可以在这 4 个坐标内随意移动和穿越。每当宇宙飞船的 x 或 y 的位置在距这些边缘的"5"个单位之内时，这些新的代码会将飞船移动到舞台的另一边。因为"x velocity"和"y velocity"变量仍然会根据同样的速度和角度移动飞船，这样就让飞船角色看起来还在舞台上继续移动着。

> **小贴士**
>
> 点击绿旗图标测试以上代码。观察飞船是否可以从舞台的 4 个边缘进行穿梭。然后，按下红色停止按钮，并保存你的程序。

3. 给飞船角色添加随机移动代码

到目前为止，这个游戏的操作虽然具有一些挑战性，但是这还远远不够，下面我们尝试着让游戏更复杂一些吧。添加一些代码，让飞船角色随机移动一小段距离，这样可以防止玩家始终待在舞台中间不动。

将下列代码加入"Spaceship"（飞船）角色中，就可以让飞船每秒都接收到一个随机移动的推力。

在"**重复执行**"内，"x velocity"和"y velocity"变量在暂停 1 秒后以很小的随机量改变。这意味着每 1 秒，宇宙飞船的移动都会随机改变。

行星终结者　**183**

> **小贴士**
>
> 点击绿旗图标测试以上脚本。不要按任何"W、A、S、D"键,等待看看宇宙飞船是否会自己移动。然后,按下红色停止按钮,并保存你的程序。

C 用鼠标瞄准和用空格键射击

我们已经完成了控制宇宙飞船移动的代码,现在来增加能量炸弹,这些能量炸弹可以将这些危险的太空小行星在太空摧毁!

4. 创建能量炸弹角色

Scratch 的角色库中有一个角色,可以用来创建能量炸弹。 点击"新建角色"旁边的**"从角色库中选取角色"**按钮。在分类栏下的"物品"选项内选择"Ball",然后点击"确定"按钮。通过点击该角色左上角的 ⓘ 按钮打开该角色的信息区域,并重命名为"Energy Blast"(能量炸弹)。

我们希望"Energy Blast"角色在击发时可以发出激光的声响。点击上方的**"声音"**标签页。然后点击"新建声音"下方的**"从声音库中选取声音"**(喇叭图标)按钮。在弹出的声音库窗口的左侧边栏内选择"电子声"菜单,之后在窗口内选择"laser1"声音,之后点击**"确定"**按钮。

游戏中只有一个"Energy Blast"角色,但实际中玩家应该能够同时发射许多"能量炸弹"。因此,还需要创建出更多的"Energy Blast"角色的克隆体,但是复制出的能量炸弹和原始的"Energy Blast"角色会运行不同的代码。原始的"Energy Blast"角色需要保持隐藏,所有出现在舞台上的能量炸弹都会是克隆体。

使用一个名为"I am a clone"(我是一个克隆)的变量来跟踪哪个是原始的角色,哪些是克隆体。点击**"脚本"**标签页,返回脚本区域。在橙色的**【数据】**分类下点击**"新建变量"**按钮。创建一个名为"I am a clone"（我是一个克隆）的角色变量，同时勾选"仅适用于当前角色"选项。原始的"Energy Blast"角色变量将设置为"no"，克隆体将被设置为"yes"。将以下代码添加到"Energy Blast"角色中。

原始角色会在游戏开始时隐藏自己，并一直会保持隐藏状态。它产生的克隆体将出现在舞台上。此外，我们使用的这个"Energy Blast"角色太大，所以设置它的大小为 10（即原大小的 10%），使其变小，这样会更适合我们的场景。

现在将以下脚本添加到能量炸弹中。玩家将通过按空格键来激发能量炸弹。原始的"Energy Blast"角色将创建克隆体显示自己并向鼠标指针处移动。由于能量炸弹的克隆体向鼠标指针方向移动，因此玩家可以用鼠标控制能量炸弹去摧毁小行星。

在"**当按下空格键**"之后的代码，是为了区分原始角色和克隆体，因为我们不希望现有的克隆体再次执行克隆操作。因此"**如果……那么……**"代码块程序就检查了该能量炸弹是克隆体还是原始的"Energy Blast"角色，只有原始的"Energy Blast"角色才能执行下面的代码去

行星终结者

克隆自己。

很显然,"Spaceship"(飞船)角色只能当玩家还存活的时候才能发射能量炸弹的克隆体,所以代码也对玩家是否存活进行了检查——只有"player is alive"(玩家存活)等于"yes"的时候才能执行接下来的命令。

将下面的代码添加到"Energy Blast"角色中,让克隆出来的能量炸弹可以向着鼠标的方向移动。

```
当作为克隆体启动时
将 I am a clone 设定为 yes
显示
播放声音 laser1
重复执行 50 次
    移动 10 步
    如果 x坐标 < -235 那么
        将x坐标设定为 235
    如果 x坐标 > 235 那么
        将x坐标设定为 -235
    如果 y坐标 < -175 那么
        将y坐标设定为 175
    如果 y坐标 > 175 那么
        将y坐标设定为 -175
删除本克隆体
```

这些克隆体需要像飞船一样可以在舞台边缘进行穿梭,所以我们在这里使用了类似的代码——"显示"和"移动"。

注意,克隆体需要将"I am a clone"变量设为"yes",这也就是克隆体不去执行**当按下空格键**之后命令的原因——条件判断不符。那段代码在执行时会对"I am a clone"变量进行判断,当值是"no"的时候才会执行。

这些克隆体需要重复 50 次移动 10 步的过程。这意味着能量炸弹的克隆体有击中范围的限制，超出范围就不能实现攻击了。重复 50 次之后这些克隆体就删除自己，从舞台上消失了。

小贴士

点击绿旗图标测试以上代码。通过鼠标来瞄准，通过空格键来射击。观察能量炸弹的克隆体是否可以从飞船角色的位置出发往鼠标的方向移动。这些能量炸弹的克隆体可以从舞台边缘穿梭过去并最终消失。然后，按下红色停止按钮，并保存你的程序。

D 让行星能自由地出现和移动

现在把目光转移到玩家射击的目标上。在本章游戏中，行星会随机出现并移动，直到能量炸弹的克隆体击中该行星，之后其会分裂成两个小一些的行星，直至碎片消失。

5. 创建行星角色

通过点击"从本地文件中上传角色"按钮，再选择【asteroid.png】文件上传来添加一个行星的角色。这个文件可以在资源 ZIP 文件中找到。点击橙色的【数据】分类，然后点击"新建变量"按钮。创建一个叫作"hits"（击中）的变量并选择"仅适用于当前角色"。再按照这个步骤创建变量"x velocity""y velocity""rotation"（旋转角度）。所有这些变量都是只适用于当前角色的。在第 6 步中，我们将使用"hits"变量跟踪这颗行星被击中了几次和其大小等属性。

游戏中的行星是需要成群出现的，所以还需要利用克隆功能，以便在舞台上显示出很多行星。每个行星都随机设置各自的移动速度和旋转速度。

将下列代码添加到"Asteroid"（行星）角色中。

像"Energy Blast"角色一样，原始的"Asteroid"角色被隐藏起来并作为克隆体的原版。每隔 8 到 12 秒就会有新的克隆体出现。当这些克隆体被创建后就显示出来，并被赋予随机的速度和旋转角度，开始旋转移动。

同样，像"Spaceship"和"Energy Blast"角色一样，"Asteroid"角色也可以在舞台边缘进行穿梭。将下列代码加入行星角色中。

小贴士

　　点击绿旗图标测试以上脚本。观察"Asteroid"角色是否可以旋转移动并且能从舞台边缘穿梭。同样，确认每隔8到12秒新的克隆体可以显示出来。然后，按下红色停止按钮，并保存你的程序。

E 行星被击中后分裂成两个小行星

　　当一个"Energy Blast"的克隆体击中了行星时，这个行星就创建两个小一点的克隆体，这看起来就像一个行星在舞台上分裂成了两个。

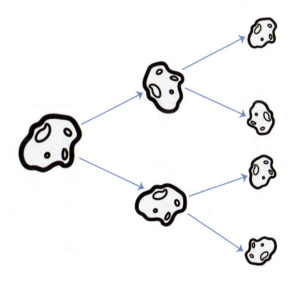

6. 为行星分裂添加代码

　　在"声音"标签页，点击"从声音库中选取声音"按钮。然后选择 chomp 声音，点击"确定"按钮。这个声音将用于能量炸弹击中行星时。

　　将下列代码添加到行星角色中。你需要创建一个叫作"asteroid blasted"（行星摧毁）的新的广播消息。

行星终结者　　**189**

当一个"Energy Blast"的克隆体击中一个"Asteroid"的克隆体时，这个"Asteroid"的克隆体就播放"chomp"声音，然后发出一个"行星摧毁"（asteroid blasted）的广播消息。

接着"Score"变量值增加 2 分，将"hits"变量值增加 1。被击中的行星将要变小一些，将大小设置为增加 –25（就是减小 25），所以当它（那个被击中的行星）克隆了自己两次之后，被克隆出来的新行星就是小号的了。最后这颗被击中的行星克隆体删除自己。

这两个新行星克隆体也拥有"hits"（击中）变量，是因为它是从分裂前的行星处克隆得来的。每个行星克隆体如果"hits"变量变为 4，那就不再分裂并且销毁自己了（在删除本克隆体之后的代码不会被执行，因为这个克隆体已经不存在了）。这个设置能防止让一个行星角色分裂成 2 个，然后分裂成 4 个、8 个、16 个、32 个，并以指数级继续分裂下去。

当然，如果你真的想要让行星不断地以指数级分裂下去，可以增加"如果 hits=4"中的数量。

7. 为能量炸弹角色添加"asteroid blasted"消息处理代码

在角色列表中选择"Energy Blast"（能量炸弹）角色，然后加入下列代码。

所有的能量炸弹克隆体都会收到"asteroid blasted"（行星摧毁）的消息，但是只有那些正在碰到"Asteroid"（行星）的能量炸弹克隆体被删除（会有触碰到小行星的能量炸弹，因为只有小行星碰到能量炸弹时，它才会广播消息）。这就是"Energy Blast"角色在击中行星之后就消失了的秘密。

小贴士

点击绿旗图标测试以上代码。试着射击一些行星。观察能量炸弹在击中行星后是否消失了，以及行星角色是否变成了两个小一些的克隆体。持续盯着一个行星克隆体，观察击中它 4 次之后其是否会消失。然后，按下红色停止按钮，并保存你的程序。

F 创建得分和计时功能

在舞台中飞来飞去的小行星让《行星终结者》游戏变得很有挑战性了。一个好的游戏设计要为玩家制造一些紧张刺激的

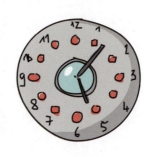

行星终结者 **191**

感觉，比如：在击中一些小行星之前要先击中一些大行星。下面，我们想为玩家增加一些压力，在游戏中创建一个"Score"（分数）变量，设置每过 1 秒就会失去 1 分，直到分数变为 0，游戏就结束。这样玩家就需要尽快去摧毁那些小行星角色。

8. 创建超时角色

点击"新建角色"旁边的**"绘制新角色"**按钮。在绘制造型区域，使用"文字"工具写出红色的标题字：OUT OF TIME（超时）。

在角色列表中点击刚刚绘制角色的 ⓘ 按钮，打开角色的信息区域，重命名为"Out of Time"(超时)。

将下列代码添加到"Out of Time"角色的代码中。

这段代码让"Out of Time"角色在游戏开始时是隐藏起来的状态，并让"Score"变量每隔1秒减少1。当"Score"变量到0的时候，显示"Out of Time"角色并停止其他角色的运行。

小贴士

点击绿旗图标测试以上代码。确认"Score"变量每隔1秒就减少1。当"Score"变量变为0时，"Out of Time"角色就显示出来。然后，按下红色停止按钮，并保存你的程序。

G 如果飞船被击中就爆炸

如果玩家不及时摧毁小行星，让"Score"到0了，那玩家就输了。同样，当飞船撞击了小行星时，玩家也会输，并且飞船会发生爆炸。下面为飞船添加侦测代码，侦察是否撞击到小行星，并在撞击时出现爆炸的动画效果。

9. 上传爆炸角色

我们已经为爆炸动画的各帧创建了8幅图片。这些造型就在资源 ZIP 文件的【Explosion.sprite2】文件中。

在 Scratch 中，点击"新建角色"旁边的"从本地文件中上传角色"按钮。选择【Explosion.sprite2】并点击"确定"按钮。爆炸动画的 8 个造型就出现在了"Explosion"（爆炸）角色的"造型"标签页中。

10. 为爆炸角色添加代码

对于"Explosion"（爆炸）角色，需要创建一个叫作"explode"（爆炸）的广播消息。当"Explosion"角色收到这个消息的时候，角色就显示出来并不断切换造型，这样一个爆炸动画就显示出来了。

当发生爆炸的时候，"Explosion"角色还需要播放一段声音效果。点击"声音"标签页来加载声音。然后点击"从声音库中选取声音"按钮（在"新建声音"下方）。选择"alien creak2"声音并点击"确定"按钮。

将下列代码加入"Explosion"角色的代码中。

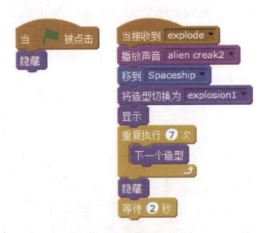

隐藏"Explosion"角色，直到它收到了"explode"的广播消息。然后它播放一个声音，移动到飞船的位置，不断切换造型 7 次，这样就创建了一个超酷的爆炸动画！

11. 为飞船角色添加爆炸代码

当"Spaceship"（飞船）角色碰到一个小行星的克隆体时将广播一个"explode"的消息。将下列代码加入"Spaceship"角色的代码中。

爆炸的动画是通过短暂地显示一个造型再切换到另一个造型来工作的。有点像逐帧动画或者翻书动画的意思。每个造型就是一帧，快速地切换造型就会显示出逼真的爆炸效果。

小贴士

　　点击绿旗图标测试以上代码。观察在游戏开始的时候"Explosion"（爆炸）角色是否是显示的。飞向一颗小行星，并确认"Explosion"角色在飞船的位置被显示出来。然后，按下红色停止按钮，并保存你的程序。

行星终结者　**195**

> 这块代码太庞大了，无法完全在本书中展示出来，但你可以从资源 ZIP 文件中获得这部分的完整代码，文件名是【asteroidbreaker.sb2】。

2.0版本：有限的弹药

如果找到了这个游戏的窍门，《行星终结者》就变得很简单了。这个窍门就是你可以一直快速地按空格键射击。这就导致玩家在射击的时候乱射一通，不去好好地瞄准小行星了。因此需要加入一个新的"Energy"（能量）变量来扭转这个局面。每次射击都会扣除相应的"Energy"值。一旦"Energy"变量变成 0 了，飞船就不能射击了，但是"Energy"变量可以随着时间的增长而一点点恢复。这样玩家就会仔细瞄准再射击，而不会滥用能量了。

我们需要一个变量来追踪飞船能量的变化。选择橙色的【数据】分类，点击**"新建变量"**按钮。创建一个叫作"Energy"（能量）的变量，并选择**"适用于所有角色"**。在代码块选择区域，确认"Energy"（能量）旁边的复选框是被选中的状态（就像"Score"旁边的那个复选框被选中了一样），这样就确保它能显示在舞台上。

"Energy"变量在游戏开始的时候会被设定为 10，然后随着玩家每次发射能量炸弹，能量值就减少 1。这样玩家只能在能量值减少到 0 之前射击。

根据下面的代码来修改"Energy Blast"（能量炸弹）角色的代码。

第 ❶ 段代码是新加入的。在开始之后与"**重复执行**"之前先设定"Energy"变量的初始值为 10。在"重复执行"中间，每隔 0.4 秒检查一次，如果能量小于 10 了就增加 1 点能量。这样可以保证能量值永远不会大于 10。第 ❷ 段代码只是改动了其中一小部分，在玩家射击的时候确保"Energy"值大于 0。之后当发射能量炸弹时，会将"Energy"变量值减少 1。

小贴士

点击绿旗图标测试以上代码。确认"Energy"变量显示在舞台上，数值是 10，随着玩家每次按下空格键就减少 1。当"Energy"变量变为 0 时，按下空格键的时候不会再发射出"Energy Blast"（能量炸弹）的克隆体。同时，确认"Energy"变量每过大约半秒就能增加 1。然后，按下红色停止按钮，并保存你的程序。

作弊模式：星爆炸弹

在《行星终结者》2.0 版本中，新增的"Energy"变量会带来更

行星终结者　**197**

大的挑战。其实也可以绕过它，开发一种作弊模式。如果只是简单地将能量变为无限能量的话，就有些无聊了。所以我们在游戏中加入了一个特殊的能量炸弹——"星爆炸弹"，它能引发爆炸，摧毁所有靠近飞船的小行星。

玩家按下 X 键的时候，星爆炸弹就发射，这段代码有点类似于玩家按下空格键发射能量炸弹的那块代码。

把下面这段代码加入"Energy Blast"（能量炸弹）角色的代码中。

就像"当按下空格键"的脚本一样，这段代码也需要检查玩家是否还存活和看看这个能量炸弹是否是一个克隆体。只有原始的能量炸弹角色可以运行这段代码，克隆的能量炸弹是不能运行的。

在"如果……那么……"代码块中间，"Energy Blast"角色移动到飞船的位置并朝向鼠标的方向。然后能量炸弹克隆自身 24 次，在每次克隆以后，这个角色再旋转 15°。最后的结果是可以让能量炸弹的克隆体朝向所有的方向（360°）。

小贴士

点击绿旗图标测试以上代码。按下 X 键，观察能量炸弹的克隆体是否以飞船为中心飞往各个方向。这个作弊是秘密进行的，这样玩家使用的时候就不必关心能量余额。然后，按下红色停止按钮，并保存你的程序。

总结

在本章中，你完成的游戏包含如下要点：
- 像控制冰球一样控制飞船的行进。
- 通过设立 x 和 y 的速度变量来控制飞船角色的移动。
- 让角色跨越舞台边界来到舞台另一侧。
- 让行星克隆自己分裂成两个小行星。
- 设立"Score"（分数）和"Energy"（能量）变量，并时刻跟踪它们的增加和减少。
- 为爆炸创建逐帧动画。

  这个游戏给予了玩家真正的挑战。但是作为开发者，我们针对这些功能要一个一个地添加！玩家不是正好控制飞船的行进，而是推动它运动。如果我们在那时不继续改变飞船角色的运行方式，玩家很可能就躲在一个角落里，安全地躲过行星的袭击。因此，我们设置游戏中的角色都能从舞台一边穿梭到另一边。但是即使添加了这样的规则，玩家仍有可能会尽可能待在舞台中心。所以，我们又继续加入了每隔一段时间就让飞船自己移动一小段随机的距离这样的功能。

  躲开一些小行星是挺困难的，所以玩家需要小心缓慢地移动飞船，然后在大行星到来之前摧毁那些讨厌的小行星。这时，我们加入了减少得分和超时，这就可以促进玩家来快速地射击。但是玩家还是可以不用仔细瞄准地胡乱射击，所以我们又加入了"Energy"（能量）变量来降低玩家的射击速度。

  每次我们在游戏中加入一个功能时，都要不断地去想象这个功能会给这个游戏带来什么影响。一个太难玩的游戏会让玩家沮丧，丧失玩下去的勇气；而一个游戏太简单了，又会让玩家觉得很无聊。因此，必须找到这中间的平衡点。

  下一个游戏是一个更高级的项目，是一个像《超级马里奥》和《超级食肉男孩》一样的跳台游戏。这里不仅会像《篮球》游戏一样控制角色跳弹和重力反应，甚至还可以不改代码就能重新定义游戏级别！

回顾思考

尝试着回答下面的问题，以检测一下自己所掌握的知识。也许有的问题你不知道答案，但是你可以探索 Scratch 编辑器来找到答案。（也可以访问网站 http://www.nostarch.com/scratchplayground/ 寻找答案）。

1. 穿越舞台角色的代码是怎样工作的？
2. 为什么能量炸弹角色有一个叫作 "I am a clone"（我是克隆的）的变量？
3. 是什么阻止了行星被摧毁后以指数级的数量一直克隆下去？
4. 怎样让爆炸角色看起来像飞船爆炸了？

第 9 章
制作一个更高级的跳台游戏

  1985 年，任天堂公司发布了第一款游戏——《超级马里奥》，它成了该公司最伟大的产品，也是游戏界最有影响力的游戏之一。游戏中的主人公在跳台之间做出"跑、跳、跨越"等动作，因此这一类的游戏被称作【跳台】游戏。

在本章的游戏中，小猫将会扮演马里奥（或路易吉）的角色。玩家可以控制小猫在单关游戏中跳来跳去地收集苹果，并且要躲开偷苹果的螃蟹。这个游戏是有时间限制的，只有 45 秒的时间来完成以上目标。

在开始动手之前，请在这里看一下程序完成后的效果：*https://www.nostarch.com/scratchplayground/*。

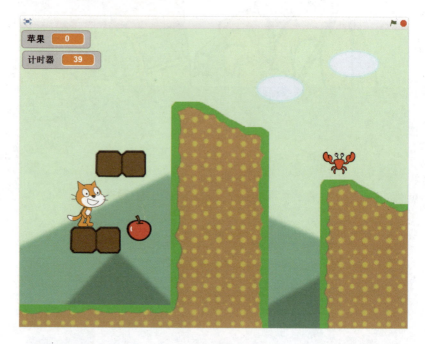

现在准备好了吗？在本章中你将会编写一个比前面各章都复杂的游戏！

设计游戏草图

我们先来分析并画出游戏草图。下图中表示玩家控制可以跳来跳去的小猫；与此同时，苹果和在跳台上动来动去的螃蟹也会随机出现。

以下是我们需要完成的游戏步骤：

A. 创建重力、下落和着地脚本。

B. 处理陡坡和墙。

C. 让小猫会小跳和高跳。

D. 加上天花板探测。

E. 为小猫角色套上一个碰撞检测模块。

F. 加上更流畅的行走动画。

G. 做出游戏关卡。

H. 加上坏蛋螃蟹和苹果。

这个跳台游戏是本书里最费劲儿的一个。但如果一步一步按照本章的指示来做，任何人都能做出来。

如果你想节省时间，也可以直接从资源 ZIP 文件里的项目文件（名为 platformer-skeleton.sb）开始。下载地址是 *https://www.nostarch.com/scratchplayground/*，通过右击链接并选择"**将链接另存为**"或"**将目标另存为**"，将文件压缩包下载到你的计算机。从文件压缩包解压所有文件。项目文件会加载所有的角色，你只需要将代码块拖到每个角色中即可。

A 创建重力、下落和着地脚本

首先，要为小猫加上类似于第 4 章《篮球》游戏中的重力、下落和着地脚本。注意小猫和篮球的区别如下：在跳台游戏中，小猫会落在"地面"角色上，而不是舞台的底部。因为"地面"上要出现小丘和跳台，所以程序会更复杂一点儿。点击 Scratch 编辑器左上方的文字编辑区，把程序的名字从【Untitled】改为【Platformer】（跳台）。

1. 创建地面角色

为了测试前面几个脚本是否能按照预期效果运行，先画几个简单的形状当作"地面"。

点击"**绘制新角色**"按钮，画一个临时的跳台"Ground"（地面）角色。在绘图编辑器里，用"画笔"或者"线段"工具画出一个代表跳台"地面"的形状。画线时，你可以把线条调粗一些。你可以利用绘图编辑器左下方的"线宽调节器"使线条变得更粗。请确保你在右边画个缓坡，在左边画个陡坡。

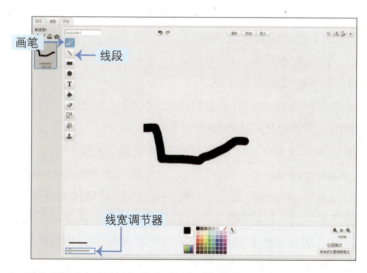

打开你刚画出的这个角色的信息区域，将该角色的名称改为"Ground"（地面）。再把"Sprite1"角色名称修改为"Cat"。

2. 加上重力和着地的脚本

有了代表跳台的"Ground"（地面）角色，就需要小猫能够下坠，然后落在跳台"地面"上。选中小猫角色。在橙色的【数据】分类里，点击**"新建变量"**按钮，为这个角色创建一个专用的变量——"y velocity"。之后为小猫角色添加下面的脚本。

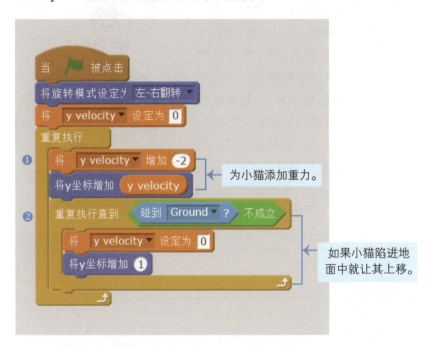

这段脚本**重复执行**两个动作：它让小猫在接触到"Ground"（地面）角色 ❶ 之前一直下落。如果小猫深陷进"Ground"（地面）❷ 中，就将小猫上移。

有了这两部分动作脚本，小猫首先会从空中下落，撞上"地面"。然后，就从陷进的"地面"里上移，最终停在跳台表面。

制作一个更高级的跳台游戏　　**205**

在下落代码的 ❶ 部分，重复执行命令，让变量"y velocity"的值减少 2（增加 -2），让角色下落得越来越快。如果你在第 4 章中已经编写过《篮球》游戏，应该会熟悉下落的脚本。

在 ❷ 部分中的"重复执行直到"代码块会不断循环执行，直到小猫角色不再碰到"地面"（如果小猫仍在空中下落，它就不会碰到"地面"，所以循环的脚本就不会被执行）。在这个循环中，一旦变量"y velocity"的值被设定为 0，小猫就会停止下落。"将 y 坐标增加 1"代码块将会使小猫稍微抬升。"重复执行直到碰到 Ground？不成立"代码块，会持续让小猫上移，直到它不再陷在"地面"里。这就是小猫会在无论"地面"角色的形状如何，都能停在"地面"上的办法。

小贴士

点击绿旗图标测试以上脚本。用鼠标拖曳小猫，然后从高处松手让它掉下来。观察小猫是否会落在地上，陷进去一点儿，随后又逐渐弹起来。之后点击红色停止按钮，并保存你的程序。

3. 让小猫走起来，并且还能在舞台中环绕返回

为了能够通过按下"W、A、S、D"这些字母键控制小猫角色的左右走动，需要添加下面的代码。

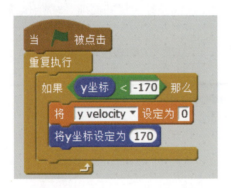

这段脚本的思路很直接：在按下 A 键时，小猫会朝向左侧（−90）并使 x 坐标向左移动 6 个单位；按下 D 键则使小猫朝向右侧并使 x 坐标向右移动 6 个单位。

接下来，给小猫加上环绕返回的脚本。这样的话，如果小猫掉落到了舞台底部，还能环绕返回到舞台顶部。

这段代码和我们在第 8 章中的案例非常相似，稍后我们会为左右移动添加环绕代码。

小贴士

点击绿旗图标测试以上代码。按下"A、D"键，让小猫上坡、下坡。如果小猫角色从跳台边缘掉下，落到舞台底部，它应该能从舞台顶部再次出现并落下。按下红色停止按钮，并保存你的程序。

> 这个跳台游戏里有很多脚本，如果你有疑问，可能会不知所措。如果你的程序运行错误，并且不知道如何修正它，可以打开 ZIP 文件里的【platformer1.sb2】项目文件，利用这个文件进行测试并学习。点击"文件"→"打开"，从你的计算机里加载【platformer1.sb2】文件，然后继续学习。

4. 消除陷在地里的效果

目前程序的最大问题是小猫从地里上升到"地面"上的过程太慢了。这部分的程序应该被快速执行，这样玩家就只会看到小猫角色是在"地面"上，而不会先"陷"进地里去，再上升起来。

深紫色的自定义模块能帮助我们消除小猫陷在地里的效果，在【更多模块】分类中点击"**新建功能块**"，键入名称"**handle ground**"，然后点击旁边的小箭头展开选项，勾选"**运行时不刷新屏幕**"。

紫色的自定义模块就会出现在脚本区中，按照下图的代码，将"handle ground"代码块添加到小猫的脚本中。用"handle ground"代码块代替"重复执行直到碰到 Ground？不成立"代码块，并将这个循环代码块移至"定义 handle ground"代码块下方。

"handle ground"
添加在这里。

将小猫之前的部分脚本
移至自定义模块"定义
handle ground"中。

这段代码其实和之前的一样，只是运用了"handle ground"代码块之后，运行程序时没有进行刷新屏幕检测这项工作，因此，重复执行代码块内的脚本就会加速执行，最终效果就是小猫看起来不会陷进地里。

小贴士

点击绿旗图标测试以上脚本。让小猫走几圈，或者像之前那样，用鼠标把小猫拖曳起来，从舞台的高处松开鼠标，让小猫落下来。现在的效果就是小猫不会再陷进地里。然后点击红色停止按钮，并保存你的程序。

如果你遇到问题，就可以打开随书资源包里的项目文件【platformer2.sb】，然后继续学习。

B 处理陡坡和墙

跳台的角色可以设计成一系列的小丘和坡，让小猫在其间行动。在绘图编辑器中，你可以把跳台"地面"角色设计成任何形状。这与在早前的《篮球》游戏中，玩家只能在舞台底部行动相比，是个明显的进步。但新的问题是，小猫在爬左边的陡坡时，和在爬右边的缓坡时表现得一样容易。这样就穿帮了。我们希望陡坡能给小猫带来一些阻力。为了实现这个效果，需要对行走的脚本做点儿改动。

到了这里，角色上的脚本已经很多了。右击脚本区，选择"**清理**"，让脚本重新排列成清爽的样子。

5. 为陡坡加上脚本

现在需要编辑小猫角色的行动脚本，再加一些新脚本。这次不通过更改 x 坐标的数值来实现，而是用一个新的自定义模块。我们给它起名为"walk"，并给它加一个叫作"steps"（步数）的输入。输入就类似于变量，但只能用在自定义模块的内部。

从【更多模块】分类中点击"**新建功能块**"来创建一个"walk"模块，确保点击了"添加一个数字参数"来实现输入参数"steps"。在调用"walk"模块前，我们需要为"steps"定义一个数值。要记得勾选"**运行时不刷新屏幕**"复选框。

这段脚本也需要你为小猫角色加上名为"ground lift"的变量（它只是为了这个角色才使用的）。利用这个变量来决定坡是否陡到了小猫爬不上去的程度。这个脚本有些复杂，你要一步一步地做。首先，制作小猫角色脚本与下图一致。

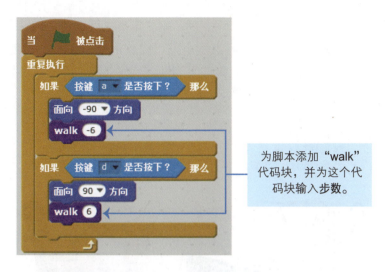

为脚本添加"walk"代码块,并为这个代码块输入步数。

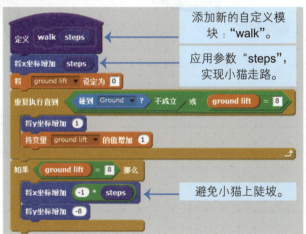

添加新的自定义模块:"walk"。

应用参数"steps",实现小猫走路。

避免小猫上陡坡。

前文中我们希望小猫每次移动 6 个单位。所以调用"walk"模块时我们用了 6 和 –6 作为数值。在**"定义 walk"**模块中,**"将 x 坐标增加"**代码块运用了**"steps"**参数。我们可以用相同的脚本控制小猫向左右走 6 个单位,从而使代码更为精简。

在"重复执行直到"代码中,通过"ground lift"变量来决定究竟是可以通过的缓坡还是无法通过的陡坡。"ground lift"变量从 0 开始进行增量,每当循环判定小猫向上移动 1 单位时,"ground lift"变量的数值便增加 1,直到角色离开"地面"或者"ground lift"变量达到 8。

如果"ground lift"变量不到 8,就表示没那么陡。角色可以走上缓坡,所以**"定义 walk"**脚本不会生效。

但如果"ground lift"变量为 8，则"重复执行直到"代码块中的循环就会停止。这段代码表示小猫已经被抬升超过 8 个单位了，可它仍然陷在"地面"里，由此可判断这一定是陡坡。所以，我们要撤销之前的抬升和行进动作。

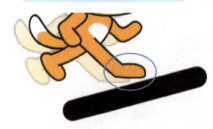
缓坡：小猫上移8步，不再接触"地面"，因此可以走上该坡。

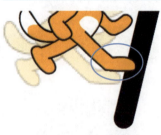
陡坡：小猫上移8步，依然陷在"地面"里，因此不可以走上该坡。

这段脚本与第 3 章的《迷宫跑者》（*maze runner*）游戏中限制玩家不能穿墙的脚本是一样的。

小贴士

点击绿旗图标测试以上脚本。按下"A、D"键让小猫走一走。小猫应该能走上右边的缓坡，但却会被左边的陡坡拦住。然后点击红色停止按钮，并保存你的程序。

如果你遇到问题，就可以参考随书资源包里的项目文件【platformer3.sb】继续学习。

C 让小猫会小跳和高跳

让小猫走动的脚本完成了，下面来完成让小猫跳跃的脚本。在之前的《篮球》游戏中，我们把下落变量改成了一个正数。这个数字就是玩家每次跳跃时的高度。在很多跳台游戏中，玩家可以通过短按跳跃键获得一个小跳的效果；如果长按跳跃键，就能跳得更高。

在这个游戏中，我们要实现小跳和高跳的效果，相应的脚本就比《篮球》游戏的跳跃脚本更复杂。

6. 加上让小猫跳跃的脚本

我们先做一个专用于小猫角色的变量，叫"in air"。当小猫角色在地面上时，它的数值就保持为0。当小猫在跳跃或是下降时，这个数值就开始增加。这个数值越大，小猫离开"地面"，在空中待的时间就越长。

把下面的脚本加在小猫角色上。

"重复执行"代码块会始终检查 W 键是否为按下状态，如果是，则会对"y velocity"变量赋值14——这就表示小猫会向上移动。但请注意这里需要满足两个条件——玩家需要按下 W 键，且"in air"变量小于 8。

为小猫现有的两段脚本添加"in air"变量，可以限制小猫的跳跃高度。

制作一个更高级的跳台游戏

当玩家刚按下 W 键控制小猫跳跃时，"y velocity"变量被赋值为 14，这会使脚本 ❶ 中小猫的 y 坐标受到 y velocity 正值的影响，从而向上移动。在起跳的瞬间，"in air"变量开始从 0 增加但仍小于 8，所以如果此时玩家按住 W 键，"y velocity"将会被持续设定为 14，而不会因为"将 y velocity 增加 –2"代码块而下降，这导致长按比短按跳得更高。但最终"in air"变量会等于或大于 8，所以长按 W 键也不会出什么问题。切记该循环需要同时满足 W 键被按下并且"in air"小于 8 这两个条件，"如果……那么……"代码块的命令才会被执行。

在这一点上，"y velocity"变量会按照预期下降，小猫终将落地。在脚本 ❷ 中，小猫落地时，"in air"变量会被归零。

小贴士

点击绿旗图标测试目前已有的脚本。按 W 键让小猫跳一跳。短按的效果应该是小跳。长按 W 键，应该让小猫跳得更高。请确认小猫只是落在地面上时才能起跳，在空中不能起跳。小猫应该能走上右边的缓坡，但却会被左边的陡坡拦住。然后点击红色停止按钮，并保存你的程序。

如果你遇到问题，就可以打开资源包里的项目文件【platformer4.sb】继续学习。

D 加上天花板探测

现在小猫能在跳台上走动，墙也能挡住小猫，它不能穿墙而过。但如果小猫角色的头部从跳台下面往上撞，它就能穿过跳台钻上来！为了避免这个穿帮的效果，需要为小猫从地面上升的脚本加上【天花板探测】。

7. 给地面角色加一个低跳台

在"Ground"(地面)角色的造型中,加一个又短又低的跳台,就像下图所示。请确认这个跳台的高度既能让小猫从它那里顺利走过,又在小猫跳跃时能被碰到。

这个跳台要设置得足够低,让小猫可以在上面撞到它的头。如果小猫跳起来撞不到它,就重新把它画得再低一些。

> **小贴士**
>
> 点击绿旗图标测试目前已有的脚本。请确认小猫能在这个新画的低跳台下面跳跃。注意当小猫跳起撞上这个低跳台时,能穿过它,这就是我们要修改的缺陷。点击红色停止按钮,并保存你的程序。

8. 加上天花板探测的脚本

目前的问题出在"handle ground"模块。这个脚本会默认小猫是从上往下落的。如果小猫接触到"地面",它就应该被托起。小猫不能穿过任何实体,比如地面。同样,天花板也不可以。因此需要修改脚本,让小猫在接触地面时会跳起来,其头部撞到天花板时也不会继续上升,防止它穿过天花板。在之前的脚本中,我们了

制作一个更高级的跳台游戏 **215**

解到小猫向上运动时，变量"y velocity"的数值是大于 0 的。因此，考虑为自定义代码块"handle ground"加上一个布尔类型的参数输入值，叫作"moving up"。

【布尔类型的值】分为"true"或"false"，可以简单地理解为"是"或者"否"。之所以采用布尔类型的值输入，是因为我们只需要知道"handle ground"代码块被调用时"y velocity"是否大于 0 就可以了。true 或 false 会被当作一个变量存储在"handle ground"的布尔参数输入栏位——也就是参数名为"moving up"的当前值。因此，如果我们用"moving up"替代在"如果……那么……"代码块中"y velocity"> 0 的判断条件，那么小猫在顶到障碍时便会停止上升，而不是穿过它。

右击**定义 handle ground**代码块，并在弹出的快捷菜单中选择"编辑"。

展开折叠"选项"，然后点击"添加一个布尔参数"并将它命名为"moving up"后点击"确定"按钮。

这样就增加了一个新的"moving up"自定义模块，你可以把它从"定义 handle ground"代码块中拖出使用，就像从代码模块库中拖出其他代码块一样。这个代码块会在新的"如果……那么……否则……"代码块中被调用。对比下图，修改"定义 handle ground"代码块中的脚本。

如果参数"moving up"的值为"true"（真），执行"**将 y 坐标增加 –1**"命令，小猫不会继续上升，舞台效果看起来像其头部撞到了天花板上，但不会穿过天花板。当参数"moving up 的"值为"false"（假）时，小猫就会像之前一样上升，直到位于"地面"之上。

接下来我们要编辑"handle ground"代码块在脚本中的调用情况，我们要把"y velocity > 0"添加到布尔条件中，用它来判断小猫是否处于 moving up 状态。

制作一个更高级的跳台游戏　　**217**

如果"y velocity"大于 0（也就是小猫在跳跃的上升阶段），将参数"moving up"的值设定为"true"；如果"y velocity"不大于 0，即小猫处于下落状态或者落地状态，参数"moving up"的值将被设定为"false"。

这就是"定义 handle ground"代码块决定究竟是执行"将 y 坐标增加 –1"命令（让小猫无法向上穿透天花板），还是执行"将 y 坐标增加 1"（让小猫站在"地面"上而不会陷下去）的方法。无论哪种方式，当小猫接触到"地面"（即便内置循环模块"重复执行直到碰到 Ground？不成立"代码块正在运行）时，"y velocity"变量都会被设定为 0，从而停止下落或跳跃。

小贴士

点击绿旗图标测试以上脚本。请确认小猫能在这个新画的低跳台下面跳跃。注意当小猫跳起撞上这个低跳台时会撞到脑袋，穿不过它。点击红色停止按钮，并保存你的程序。

如果你遇到问题，就可以参考资源包里的项目文件【platformer5.sb】继续学习。

E 给小猫角色套上一个碰撞检测模块

到目前为止，游戏还存在这样一个问题：由于程序运行依赖于小猫角色和"地面"角色之间的接触关系，小猫身上的任何部位，比如小猫的脸和小猫的胡须都有可能"站"在地面上。在下图里，小猫会停止下落，因为它的脸部已经"落"在了跳台上，很显然，这样的效果有点穿帮。

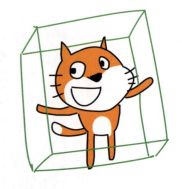

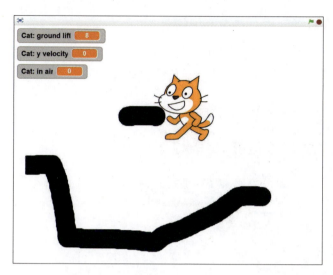

幸运的是，我们能用【篮球】游戏中的"碰撞检测"概念改掉这个缺陷。

9. 给小猫角色造型套上碰撞检测模块

点击小猫角色的**"造型"**标签页。然后点击**"绘制新造型"**按钮，之后画一个黑色长方形，让它能覆盖小猫角色另外两个造型的大部分（但不是全部）。下图叠加了半透明的小猫造型，显示了黑色长方形能覆盖小猫造型的程度。

把这个长方形造型命名为"hitbox"。在跳台程序脚本检查小猫角色是否与"地面"接触时，就先把角色造型更换为这个黑色长方形，待检查完成后，再把造型换回平时的造型。这样，碰撞检测模块（hitbox）就能确定小猫是否碰到了"地面"。

这些造型更换是由深紫色的自定义模块控制的，它有"运行时不刷新屏幕"的选项。所以，碰撞检测模块永远也不会显示在屏幕上。

制作一个更高级的跳台游戏

10. 加上碰撞检测模块的脚本

在紫色自定义模块的开头和结束的两个位置加上**"将造型切换为"代码块**。参照下图修改小猫角色的脚本。

这些来自紫色【外观】分类的模块会把造型换成碰撞检测模块。因为碰撞检测模块是一个简单的长方形，它不会有像小猫的头脸和胡须那样的突出结构，所以不会"挂"在跳台上。游戏效果会因此显得更自然。

小贴士

点击绿旗图标测试目前已有的脚本。请确认小猫能跳来跳去的时候，不会把脸或尾巴挂在跳台边上。点击红色停止按钮，并保存你的程序。如果你遇到问题，就可以参考资源包里的项目文件【platformer6.sb】继续学习。

F 加上更流畅的行走动画

起初在项目文件里小猫角色有两个造型，即"造型 1"（costume1）和"造型 2"（costume1）。

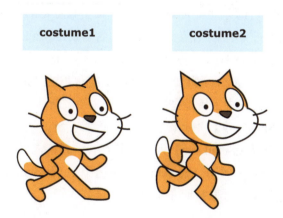

来回切换这两个造型，可以做出简单的行走动画。下图是一位网名叫"giffpatch"的 Scratch 编程者为小猫角色制作出的一系列行走的造型。

制作一个更高级的跳台游戏　**221**

还有站立、跳跃及下落的系列造型。

使用这些造型,将会让跳台游戏的动作效果比原先只用来回切换的两个造型要流畅很多。通过加上动画脚本,能在恰当的时候切换使用这些流畅的造型。若欲查看更多该作者使用这些造型制作的游戏,请访问 *https://scratch.mit.edu/users/griffpatch/*。

11. 给小猫角色加上新造型

为了给小猫加上新造型,就必须把这些造型文件上传到你的项目里。在随书资源包里,你可以找到 8 张小猫行走的图片,还有小猫站立、跳跃、下落的相应图片。文件名分别是 Walk1.svg、Walk2.svg,一直到 Walk8.svg,另外还有 Stand.svg、Jump.svg 及 Fall.svg。

然后,在 Scratch 编辑器里,点击小猫角色的**"造型"**标签页。点击"从本地文件中上传造型"按钮(在"绘制新造型"按钮旁边),接着选择【Stand.svg】并上传。依次上传所有新的造型图片。这样就建好了一个以【Stand.svg】为首的具有一系列新造型的新角色。

删掉原先的造型 1(costume1)和造型 2(costume2),但保留 hitbox 造型。调整造型按照下面的顺序排列(请一定要比照这个顺序来做，这很重要）：

（1）Stand

（2）Jump

（3）Fall

（4）Walk1

（5）Walk2

（6）Walk3

（7）Walk4

（8）Walk5

（9）Walk6

（10）Walk7

（11）Walk8

（12）hitbox

每个造型不仅有一个名字，如 Walk1、Jump 或是 Fall，而且还有一个编号。角色编号对应着它在"造型"标签页下的顺序。比如，最上面的角色名称是"Stand"，它就是造型 1。它下面的角色叫作"Jump"，它就是造型 2。下一步要编写的脚本，就需要用到角色这些造型的名字和编号。

12. 做出在小猫换造型时不出错的模块

有了这么多造型，决定什么时候显示哪张图片就是个问题。我们要用到动画序列帧的概念：几张图快速连续切换时，就可以形成动画的效果，这就好比我们翻书那样。

为了能控制这些帧图片，建两个该角色专用的变量："frame"和"frames per costume"。然后利用两个"将……设定为……"代码块来设定初始变量值，将它们添加至小猫角色中的"当绿旗被点击"脚本。

现在就设置完成了。当玩家左右移动小猫角色时,"frame"变量增加。"frames per costume"变量跟踪动画播放的快慢程度。

我们编辑"**定义 walk**"代码模块,让"frame"变量根据"frames per costume"计算的数值而增加。

当小猫站着不动（站立，没有左右移动）时，"frame"变量应该被重置为 0。修改小猫的脚本，添加第 3 个 "如果……那么……" 代码块用以重置 "frame" 变量。

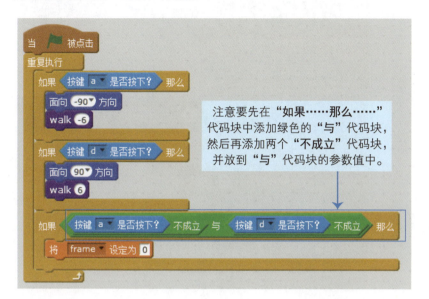

现在让我们来编辑一些能选择正确外观的代码，我们会把这些代码添加到一些已经写好的段落中，现在来创建一个自定义模块吧。

在深蓝色的【更多模块】中，点击 **"新建功能块"** 来创建一个名为 "set correct costume" 的定义代码块，点击 "选项" 前面的灰色三角，并勾选 **"运行时不刷新屏幕"**，最后点击 **"确定"** 按钮。为小猫角色添加如下代码——**"定义 set correct costume"** 代码块。

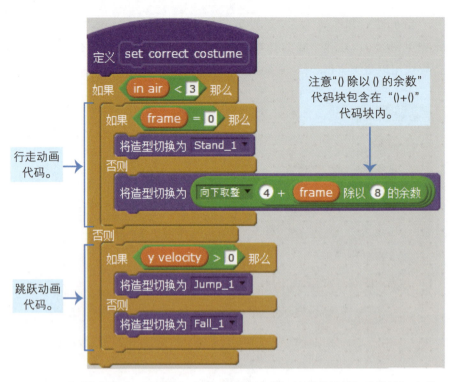

如果小猫在"地面"上（或者刚起跳，抑或刚开始下落，这时"in air"变量是小于 3 的），需要显示站立的外观造型或者某一个行走的外观造型。需要注意的一点是，如果玩家没有按下"A"或"D"键，**"当绿旗被点击"**起始的脚本会一直让变量"frame"保持为"0"，**"将造型切换为 Stand"**代码块会显示出小猫站立状态的外观造型；否则，我们就得计算这 8 个行走动作中究竟哪一个造型应该被显示出来。这里计算的其实就是外观的编号，编号就是造型列表中的序号。

最终显示出来的外观造型编号是由 代码块决定的。这虽然看起来比较复杂，但是我们一步步来拆分这个代码块就会比较好理解了。

"() 除以 () 的余数"代码块会进行除法运算并取余数，例如：7 除以 3 等于 2 余 1，所以"(7) 除以 (3) 的余数"代码块的运算结果应为 1。这里就要利用此代码块来计算该被显示的外观序号。

虽然我们只有 8 个行走部分的动作，但是"frame"变量的值会持续增加。当 frame 被设定为数字"0 到 7"时，我们希望它分别指向的外观造型编号为"4 到 11"。因此，需要添加"4+frame"代码块。但当"frame"增加到 8 时，我们希望造型编号可以重新回到造型 4，而不是造型编号为 12。

"() 除以 () 的余数"代码块就能帮助我们选取造型编号，进而控制小猫行走的外观显示。不过我们还需要利用一个数学小技巧来控制小猫造型外观的显示——因为"(8) 除以 (8) 的余数"计算结果为 0，但是我们需要让小猫此时的造型编号重新回到行走时的造型 1！因此，当变量"frame"的值达到 8 时，需要为"() 除以 () 的余数"代码块的结果添加 4，因为行走外观的第一帧刚好就是外观 4（注意造型 1、2、3 对应的外观分别是站立、跳跃和下落）。以上求和结果需要运用"**向下取整**"代码块来处理一下。"向下取整"是程序术语，意思是舍弃小数，向下取整数。例如：有时变量"frame"会被设置为 4.25 或者 4.5，所以"4+frame"就会变成 8.25 或 8.5，但在这里进行"向下取整"运算，就可以得出"8"这个结果。

好了！以上就是你在本书中所能看到的有最多数学运算的部分了，但我们拆开理解它们，就变得简单多了。

在"**如果……那么……否则……**"代码块中，"**否则**"语句部分负责处理"in air"大于或等于 3 的情况，通过"y velocity"来判断小猫的下落（如果下落，"y velocity"会小于或等于 0）或跳跃（如果跳跃，"y velocity"会大于 0）并选择正确的外观。现在，"**定义 set correct costume**"代码块就编写完成了。

将"**定义 handle ground**"模块和"**定义 walk**"模块中的"**将造型切换为 costume1**"代码块，替换为"**set correct costume**"代码块。另外，添加"**将 frame 增加 1/frames per costume**"代码块，让变量"frame"的增加速度提高 1 倍。请按照下图修改代码。

制作一个更高级的跳台游戏

> **小贴士**
>
>
>
> 点击绿旗图标测试目前已有的脚本。让小猫在舞台里走一走，观察小猫行走动画是否有预期效果。同时，测试小猫站立、跳跃和下落动作的相应造型是否都会在恰当的时机出现。点击红色停止按钮，并保存你的程序。
>
> 如果你遇到问题，就可以参考随书资源包里的项目文件【platformer7.sb】继续学习。

做出游戏关卡

更新后的角色动画让这个跳台游戏更吸引人了。现在，可以把白色的背景换掉，让游戏看起来具有真正的关卡效果。很棒的一点是，到目前为止，我们已经写好的小猫角色的行走、跳跃、下落的脚本，适用于任何形状和颜色的跳台。如果更换了跳台的造型（比如不同关卡有不同样子的跳台），也不用再重写小猫角色的脚本了！

13. 下载使用游戏的背景图

点击"Ground"角色的"造型"标签页。之后点击"从本地文件中上传造型"按钮，随后从随书资源包里选择【PlatformerBackdrop.png】，为角色添加造型。当这个造型上传后，可以删除之前的造型。

仅为"Ground"角色加上【PlatformerBackdrop.png】图片造型还不够，还需要把它作为舞台背景进行上传。在"新建背景"栏内点击"从本地文件中上传背景"按钮，选择【PlatformerBackdrop.png】文件进行上传。这张图片之所以需要给这两个地方上传两次，是因为下一步要为"Ground"角色进行擦除"背景部件"操作。我们只需要"Ground"角色标识出哪些地方小猫可以在上面走，在舞台上显示的背景就是这张图片。

14. 给地面角色套上一个碰撞检测模块

跳台游戏是基于小猫和地面的接触关系而展开的。"Ground"（地面）角色的造型就是一个碰撞检测模块（hitbox）。如果"Ground"角色是一个完全覆盖舞台的长方形，整个舞台区域就都被当作实体"地面"。我们需要把除了跳台以外，属于背景的"Ground"角色造型的部分擦除。

最简单的擦除办法，就是点击绘图编辑器里的"选择"工具。在你需要删除的造型区域中拖曳出一个长方形，当选好之后，按下键盘上的"Del"（删除）键，删除这个区域。

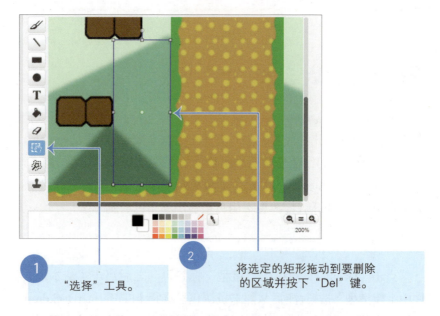

1. "选择"工具。
2. 将选定的矩形拖动到要删除的区域并按下"Del"键。

而用"橡皮"工具擦除的区域形状就不是长方形的区域了。如果你删错了，可以点击绘图编辑器顶部的"撤销"按钮，恢复删掉的区域。

继续删除造型中属于背景的部分，直到只剩下跳台区域。

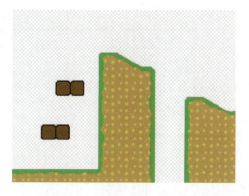

如果你在这个过程中遇到问题,可以直接使用资源包里预先做好的图【PlatformerBackdropHitbox.png】。这张图里的背景部分已经被删去了。你只需在"造型"标签页中点击**"从本地文件中上传造型"**按钮就可以添加它。

15. 给地面角色加上脚本

舞台背景是为了给跳台和游戏背景设置外观。"Ground"(地面)角色是为了标示哪些部分是小猫可以在上面走动的实体。在脚本区为"Ground"角色加上下面的脚本。

"Ground"角色的造型必须和舞台背景图完美地叠加在一起,这样你才看不出来它的存在。由于舞台背景和"地面"造型的外观图来源于同一张图片,因此你可以把"地面"造型的坐标移动到(0,0);否则,"Ground"角色的造型不能与舞台背景图完美地叠加在一起。

与"Ground"角色画成的"样式"相比,它的"形状"更加关键。只要"Ground"角色的造型与舞台背景图完美地叠加在一起,我们就可以设置"虚像特效"到100,并能看到"Ground"角色和背景完全重叠。背景的作用是显示了关卡的外观,"Ground"角色承担了关卡的碰撞检测模块的作用。

> **小贴士**
>
> 点击绿旗图标测试以上脚本。请确认小猫能在舞台中来回移动。点击红色停止按钮,并保存你的程序。

16. 给小猫角色加上更多的环绕返回脚本

请注意关卡里有浮在空中的跳台和一个中间有个坑的小丘。当小猫掉进这个坑里时,它会从舞台底部消失,并再从舞台顶部环绕回来。我们为舞台的左右两端也加上环绕返回脚本。请为小猫角色加上下图所示的脚本。

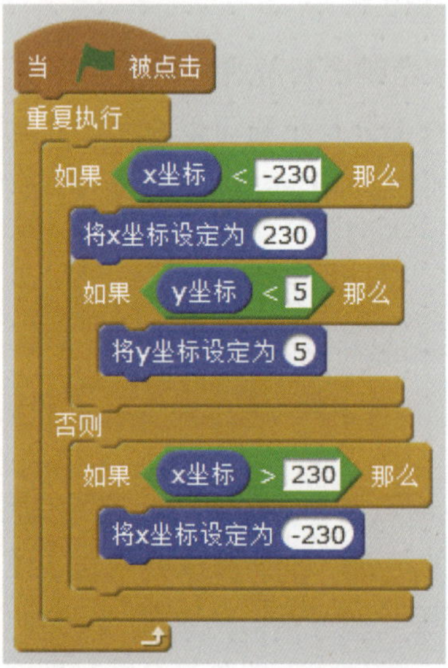

当小猫走到舞台的左边缘时,x 坐标位置小于 –230。在这种情况下,我们把 x 坐标设置为 230,让它环绕返回舞台的右边缘。

如果小猫从左边缘移出,它的 y 坐标就小于 5。如果保持这个 y 坐标位置,它从右边环绕返回舞台时,会钻进右侧的地里面。所以,要用一个把 y 坐标位置设为 5 的"如果……那么……"模块来检测这种情况。

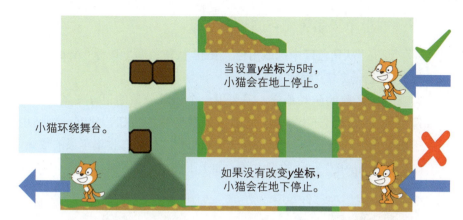

另一个"如果……那么……"代码块把小猫从舞台的右边缘移出时（这就是说，小猫的 x 坐标位置大于 230 时），环绕返回舞台的左边缘。

> **小贴士**
>
> 点击绿旗图标测试以上脚本。请确认小猫能穿过舞台的左边缘，并会自动环绕返回舞台的右边缘，从那里再出现。反过来从右到左，也应该是一样的效果。点击红色停止按钮，并保存你的程序。
>
> 如果你遇到问题，就可以参考随书资源包里的项目文件【platformer8.sb】继续学习。

加上坏蛋螃蟹和苹果

现在，跳台游戏所有的设置都完成了！玩家可以让小猫角色在跳台上行走、跳跃、下落和站立了。小猫角色有流畅的动画，游戏背景也有模有样，像一个真正的电子游戏。

现在我们需要做的，就是做一个把已经学习过的东西都利用起来的游戏。这里再加上能够在舞台上随机出现的苹果（类似于第 6 章的《贪吃蛇》游戏），以及一些试图碰触小猫的敌人（它们还会偷取苹果）。

17. 加上苹果角色和它的脚本

点击"从角色库中选取角色"按钮，从角色库里选择"Apple"（苹果）角色，点击"确定"按钮。

就像之前的游戏那样，需要用一个追踪分数的记分变量。点击橙色的【数据】分类，然后点击"**新建变量**"按钮，建立一个适用于所有角色的变量——"Apples Collected"，以记录、收集苹果的数量。

在"Apple"角色的脚本区，加上下图所示的脚本。

在游戏一开始，当玩家点击绿旗图标时，"Apples Collected"变量的数值被设置为0。"Apple"（苹果）角色有点儿大，需要把它的大小设置为50。

最初用"**将虚像特效设定为100**"代码块，将苹果设置为不可见。在游戏中，"Apple"（苹果）角色需要随机出现在舞台上，但并不是舞台的所有地方都可以让苹果随机出现，比如不能让苹果出现在"Ground"（地面）角色的内部，玩家不可能钻进地里去拿苹果。

防止苹果出现在"Ground"角色的里面，循环语句中一直执行移动到新的随机位置命令，直到苹果角色不再接触到"Ground"角色。因为虚像特效被设置到100，所以玩家看不到苹果移动的过程。当苹果角色找到一个没有接触到"Ground"（地面）角色的地方时，它的"**虚像特效设定为 0**"，因而就再次变得可见了。

然后苹果角色就等着小猫角色碰到它。当小猫碰到苹果时，"Apples Collected"变量就加 1，苹果角色就继续在舞台上寻找新的随机显示位置。

小贴士

点击绿旗图标测试以上代码。请确认苹果角色不会出现在地里面。当小猫碰到苹果时，"Apples Collected"变量就加 1，苹果角色就继续在舞台上寻找新的随机显示位置。点击红色停止按钮，并保存你的程序。

18. 做出螃蟹角色

这个游戏如果只是让玩家跳来跳去地摘苹果，就没有挑战性了。因此，这里加一些玩家要躲避的坏蛋角色：螃蟹。

右击小猫角色，然后选择"**复制**"。坏蛋的角色可以复用小猫的脚本，这样它们就能在跳台上跳跃和下落（需要把用键盘按键控制角色走动的脚本，换成让螃蟹随机走动）。重命名这个复制的角色为"Crab"（螃蟹）。之后在"造型"标签页，选择"**从角色库中选取角色**"按钮，选择"carb-a"造型，随后点击"**确定**"按钮。之后再次打开角色库，选择"crab-b"造型。

此时螃蟹角色仍然还有小猫的其他造型（Stand（站立）、Falk（下落）、Walk1，等等）。删去小猫的这些造型，包括碰撞检测模块造型。为螃蟹新做一个适合它大小的碰撞检测模块造型。下图是碰撞检测模块造型正确的样子（crab-a 造型已经叠加显示，以便看到它与命中区的相对大小。命中区就是图中黑色的长方形）。

19. 给坏蛋加上人工智能

在游戏中,【人工智能】(AI)就是指控制坏蛋角色如何行动,以及如何对玩家角色做出反应的脚本。在跳台游戏中,螃蟹的人工智能实际上不怎么智能:螃蟹只是进行随机运动而已。

在橙色的【数据】分类中,点击**"新建变量"**按钮,为螃蟹做一个名为"movement"的专用变量。这个变量将存储代表"Crab"(螃蟹)角色运动的数字:

(1)向左走;

(2)向右走;

(3)笔直跳起;

(4)向左跳;

(5)向右跳;

(6)待着不动。

"Crab"(螃蟹)角色的行动是随机决定的,而且变换得很快。给"Crab"(螃蟹)加上以下的脚本。

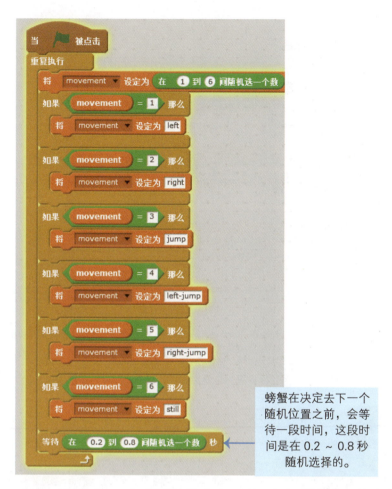

螃蟹在决定去下一个随机位置之前，会等待一段时间，这段时间是在 0.2 ~ 0.8 秒随机选择的。

起初，"movement"变量被设定为 1 到 6 之间的数字，这个数字代表螃蟹的行动状态。

现在需要对"Crab"（螃蟹）角色剩余的脚本进行修改，以定义它的行动规则。在"Crab"（螃蟹）所有的脚本中，找到所有使用了**"按键是否按下"**代码块的脚本，替换为侦测"movement"变量的代码块。（如果你在替换前测试程序，键盘应该能同时控制小猫和螃蟹的角色，因为它们共享脚本。）

把"Crab"（螃蟹）角色中侦测玩家是否按下"A、D"键的脚本，替换为下面的脚本。

就像小猫角色的脚本那样，这段脚本让螃蟹左右走动。把"walk"模块中的数值改为 –4 和 4，这样螃蟹就会比玩家走得慢了。

然后把关于玩家按下 W 键就跳起的脚本改为下面的内容。

这段脚本让螃蟹角色向上、向左、向右跳。

现在我们来制作螃蟹行动的动画。螃蟹角色只有两个造型：crab-a 和 crab-b。让这两个造型来回切换，形成螃蟹走动的效果。

把"set correct costume"模块的脚本修改成下面的内容。

注意"向下取整（1+frame 除以 2 的余数）"代码块中的数字也随之改变了。第一个造型是"**造型 1**"，而螃蟹只有两个造型，所以这些模块中的数字就被改为 1 和 2。

最后，我们需要加上螃蟹可以从玩家那里偷苹果的脚本。请给螃蟹角色添加下面的脚本。

当螃蟹角色碰到玩家角色时，从"Apple Collected"变量中减去 1，并说："Get one!"（拿到了！）如果玩家的苹果数量为 0，螃蟹角色就不从"Apple Collected"变量中减去 1，而是说："Apples!"

在游戏中如果有两只螃蟹，就更令人兴奋了。在角色列表中选中螃蟹角色，并点击鼠标右键，从菜单中选择"复制"就行了。

制作一个更高级的跳台游戏 **239**

小贴士

点击绿旗图标测试以上脚本。观察两只螃蟹是否在里面跳来跳去。当碰到小猫时，它们应该偷走一个苹果，并喊："Get one！"（拿到了！）。如果小猫还没有苹果，螃蟹应该喊："Apples！"点击红色停止按钮，并保存你的程序。

20. 加上"Time's up"角色

即将大功告成了！最后一件事是给游戏加上计时器。玩家应该在有时间压力的情况下摘更多的苹果，而不是消极怠工。点击**"新建角色"**按钮，在绘图编辑器里画出"TIME's UP"（时间到了）的字样，如下图所示。

把角色名称改为"Time's up"，然后创建一个全局变量，名称为"Timer"（计时器）。为该角色添加以下脚本。

这个脚本让玩家在 45 秒之内收集尽可能多苹果的同时，躲开偷苹果的螃蟹。当"Timer"变量的数值为 0 时，"Time's Up"角色会出现，游戏告终。

现在，跳台游戏终于迎来了最后的测试！

小贴士

点击绿旗图标测试以上脚本。来回跑跳，在收集尽可能多苹果的同时，躲开偷苹果的螃蟹。请确保当计时器走到 0 时，游戏结束。点击红色停止按钮，并保存你的程序。

这个程序的脚本多到难以在本书里全部呈现。你可以在随书资源包的【platformer.sb2】中看到完整的脚本。

总结

你成功了！你现在已经是一个 Scratch 高手了！高级跳台游戏是本书中最复杂的一个项目。你融会贯通了很多概念才做出了这个游戏。多读几遍本章内容，应该会对你更有帮助。

在本章中，你完成了一个包含如下要点的游戏：

▶ 创建了能够承载玩家角色站在其上的"地面"角色。

- 创建了勾选了"运行时不刷新屏幕"功能的深紫色代码块——"更多模块"。
- 让玩家能上坡、下坡。
- 增加了"天花板检测",使玩家会在低跳台上撞到头。
- 加入了精细的行走、跳跃、下落的动画。
- 给坏蛋角色加上了人工智能,这样它们就能自行走动。

这个总结意味着本书已接近尾声,但这不是你编程探险之旅的终点。今后的日子,你一定能从其他 Scratch 爱好者的作品中得到更多的点子,找到你喜欢的游戏,在 Scratch 里从零开始编程!

Scratch 的伟大之处在于你可以用它创造无限可能的游戏,既可以仿制《吃豆人》(*Pac-Man*)和《笨鸟先飞*》(*Flappy Bird*)游戏,也可以原创你自己独具特色的游戏。祝你好运!

回顾思考

尝试着回答下面的问题,以检测一下自己所掌握的知识。也许有的问题你不知道答案,但是你可以探索 Scratch 编辑器来找到答案。(也可以访问网址 *http://www.nostarch.com/scratchplayground/* 寻找答案。)

1. 深紫色的"更多模块"能帮助你避免简单复制脚本。这为什么是一个优势?

2. 深紫色的"更多模块"的输入如何有像变量那样的功能？
3. 能在什么地方使用深紫色的"更多模块"的输入？
4. 在数学中，【取模】（modulo）是什么意思？
5. 在编程中，【向下取整】（floor）是什么意思？

接下来的旅程

准备好学习更多知识了吗？其实，网络上还有很多令人激动的 Scratch 资源。下面介绍一些这类资源。

- **Scratch 创作坊**（*http://www.inventwithscratch.com/studio/*）：在这里，你可以将之前在本书中学习或者更改的游戏进行分享。同样也可以检验一下其他读者的项目。
- **Scratch 论坛**（*http://scratch.mit.edu/discuss/*）：在这里，你可以同其他 Scratch 爱好者进行讨论并分享一些思路、想法，等等，当然，可以提问或者回答他人的问题。
- **Learn to Program with Scratch**，作者是 Majed Marji（2014 年出版，*https://www.nostarch.com/learnscratch/*）。在这本书中包含了很多 Scratch 项目，可以学习到在 Scratch 编程中相关的计算机科学概念。
- **ScratchED 网站**（*http://scratched.gse.harvard.edu/*）：这是为那些使用 Scratch 的老师和其他教育工作者创建的网络社区。在这里可以分享成功案例，更新 Scratch 资源，提问或者回答问题。

虽然 Scratch 可以制作非常多有趣的游戏和动画，但是它也会有一些局限性。毕竟，Scratch 游戏可能不会太像那些你在计算机上、游戏机或者智能手机上玩的游戏。

因此，你自然会想学习那些专业的编程语言。其实有多种语言供你选择，比如 Python 和 JavaScript。Python 可能是一种除了 Scratch 以外最简单的编程语言，但是它却是一种专业的软件开发语言。JavaScript 就不会这么简单了，其经常用于开发在浏览器中使用的 Web 应用程序。

如果你想学习 Python，有一本书可以提供帮助，是由我所编写的一本书——*Invent your Own Computer Games with Python*。这本书也可以在线免费阅读：*https://inventwithpython.com/*，或者在该网站购买：*https://www.nostarch.com/inventwithpython/*。如果你想学习 JavaScript，在此推荐一本由 Nick Morgan 所著的 *JavaScript for Kids*（2014 年出版，*https://www.nostarch.com/javascriptforkids/*）。这些书对于你编程之旅的下一步行程非常有帮助，希望你可以成为一名高级程序员！

索引

"xy 格子"背景 34
"背景"标签页 106
"撤销"按钮 6，143
"画笔"工具 6，18—19，204
"脚本"标签页 43，77，107，127，144，149
"矩形"工具 6，75
"声音"标签页 107
"缩小"工具 53，122
"填充"工具 6，47
"椭圆"工具 6，72
"文字"工具 6，102，103
"线段"工具 6，52
"橡皮"工具 6，230
"选择"工具 6，160，230
"选择并复制"工具 6
"作弊"模式 58，133
AI 人工智能 236
asteroid.png 187
asteroidbreaker-skeleton.sb2 179
Asteroids（游戏名称）177
basketball-skeleton.sb2 65
brickbreaker-skeleton.sb2 91
Donkey Kong Country（《大金刚国度》，游戏名称）63
Fall.svg 222
Flappy Bird（《笨鸟先飞》，游戏名称）242
fruitslicer-skeleton.sb2 141

Martin Jonasson（人名）105
Jump.svg 222
maze.sb2 45
maze-part-a.sb2 38
maze-part-b.sb2 40
maze-part-c.sb2 42
maze-skeleton.sb2 33
Minecraft（《我的世界》，游戏名称）15
MIT 媒体实验室 2
Pac-Man（《吃豆人》，游戏名称）242
platformer1.sb2 208
PlatformerBackdrop.png 229
PlatformerBackdropHitbox.png 231
platformer-skeleton.sb 203
Petri Purho（人名）105
sand.jpg 121
Scratch 相关名称
　　"讨论"链接 11
　　帮助 10—11
　　菜单栏 5
　　分享 9
　　离线编辑器 3
　　注册账号 3
snake-skeleton.sb2 121
Spaceship.png 180

Super Mario Bros（《超级马里奥》，游戏名称）63，201

Super Meat Boy（《超级食肉男孩》，游戏名称）199

Walk1.svg 222

x 坐标 186，188

y 坐标 69—70，186，188，209

Zelda（《塞尔达传说》，游戏名称）15

按键……是否被按下 36

保存到本地文件 7

贝济埃曲线 29

变量 65

变量名 67

播放声音 73

播放声音……直到播放完毕 107

不成立 150，205，209

布尔类型 216

程序块 66

创作共用授权许可 11

从背景库中选取背景按钮 16

从本地文件中上传角色 39，180，187，194

从本地文件中上传造型 222，229，231

从角色库中选取角色按钮 157

从声音库中选取声音按钮 161

从造型库中选取造型按钮 157

打开项目 33

代码块

  呈报模块 8

  定义 151

  删除 8

  调用 151

  增加 7

代码模块库 5，8

当按下 ××× 键 124

当接收到…… 74

当绿旗被点击 9，128，145，223

当作为克隆体启动时 54

等待……秒 7，54

迭代开发 15

对话框 9，56，74

方向 95—96

方向键 36，51，137

分形学 29

符号列表

  − 减法代码块 95

  * 乘法代码块 128

  / 除法代码块 163

  + 加法代码块 163

  < 小于代码块 69，78

  = 等于代码块 81

  > 大于代码块 69

复制操作

  代码块 37

  角色 23，47

  脚本 23，57

  造型 52，158

惯性 178，181

广播 44

广播消息 74，95，101，114，

95—96，144—145
红色停止按钮 5，9，22
画布 169
绘图编辑器 5
绘制操作
    背景 106—107，142—144
    角色 18—19，52，72，
      92，122，126，166，
      204—205
    造型 53，127，158
绘制新角色 18，52，72，75，
  91，101，103，122，126，
  145
或 211，238
计时器 240
加速模式 26—27
渐变 106—107，143
将……特效设定为 76
将……特效增加 110
将……增加 68
将 x 坐标设定为 182，186
将 x 坐标增加 36
将 y 坐标设定为 69，182，
  186，207
将 y 坐标增加 36
将背景切换为 145
将画笔的大小设定为 24
将画笔的颜色设定为 152
将画笔的颜色值增加 24—25
将角色的大小设定为…… 42
将角色的大小增加 111
将造型切换为…… 40

角度 21—22
角色 5
角色列表 4
脚本
    复制 23，47
    脚本区域 20
    停止 5，9
    执行 5，9
仅适用于当前角色 66，67
开始屏幕 142
克隆 97
克隆自己 54，96
链表
    插入 147
    删除 147
    替换 147
    添加 147
落笔 24—25
面向 21
面向……方向 20
命名操作
    背景 143
    变量 66
    角色 19
    链表 146
    项目 16
抛物线 163
碰到……？ 41
碰到边缘就反弹 20，94，97
碰到颜色……？ 55—56，129，
  156
清空 24—25

取色器 6

任天堂公司 201

如果……那么…… 37，79

如果……那么……否则…… 112

删除本克隆体 100，128

删除操作

  代码块 8

  角色 16

  克隆体 100

设置旋转样式 93

设置造型中心按钮 126

事件 5，20，21

适用于所有角色 66，67

鼠标的 x 坐标 150

鼠标的 y 坐标 150

鼠标键被按下？ 150

双打模式 84

说 22，68

抬笔 24

调色板 6，19

停止全部 102，104，114，116

位图模式 6，160

舞台 5，9，16

下一个造型 72

显示 98

线宽调节器 6，72—73

向右旋转……度 110，114

向左旋转……度 9

小贴士 22

新建变量 66

新消息 74，145

信息区域 65，73，92，97，102

雅达利公司 177

移到 24

移到 x:() y:() 24，40

移动……步 9，20

移至最上层 42

隐藏 76，98

云变量 171—173

运行时不刷新屏幕 151，208

在……之前一直等待 103

造型

  从本地文件中上传造型 222

  造型标签页 6

  造型中心 6，126

造型编号 164

侦测 5，36

重复执行直到…… 78，80

重力 205

转换成矢量编辑模式 6，73

坐标 34—35